수학으로 힐링하기

수영 쌤과 떠나는

색다른 수학 여행

수학으로 힐링하기

이수영 지음

홍정사

수영 쌤과 떠나는
색다른 수학 여행

오래 전부터 우리는 수학은 어려운 과목이며, 논리적이고 사고력이 강한 사람은 수학을 잘 하는 머리 좋은 사람이라고 여기며 살고 있습니다. 이런 상식적인 생각에 얽매여서 대부분의 학부모나 학생들, 즉 우리는 어려운 수학을 잘 하려고 갖가지 방법으로 노력하고 있습니다. 그러나 수학은 잘 하기가 쉽지 않은 과목이기 때문에 큰 좌절을 경험하기 일쑤입니다. 그러면서도 논리적이고 사고력이 강한 머리 좋은 사람이 되고 싶은 열망을 누구나 마음속에 간직하고 있는 것이 사실입니다.

이번에 이수영 선생님이 쓰신 책《수학으로 힐링하기》는 우리들에게 많은 위로와 희망을 주는 책이라고 생각합니다. 자신의 닉네임인 '수영 쌤'을 즐겨 사용하는 저자는 어려운 수학을 공부하느라고 힘든 시기를 겪는 청소년들에게 수학을 이용하여 위로와 격려의 메시지를 전하고 있습니다.

한국상담대학원대학교에 재학 중인 '수영 쌤'은 상담자적인 이해와 배려의 정신으로 '수학'과 '힐링'이라는 단어를 연결하여 청소년에 대한 사랑과 열정을 표현하고 있습니다. 동시에 우리 사회에 만연해 있는 '힐링'이라는 단어가 가진 참 메시지를 잘 설명하고 있습니다. '힐링'은 눈에 보이는 불편한 증상을 일시적으로 제거하는 데에 그치는 것이 아니라 인간의 내면에 잠재된 무궁무진한 잠재능력을 발굴하여 개발해 가면서 인간적으로 성숙해 가는 과정을 의미합니다. 그러므로 힐링은 기쁨과 용기를 주는 개념입니다.

저자는 학과목 성적으로 인격 전체가 평가되는 세대, 특히 영어 수학 국어 등 중요 과목의 점수에 의해서 모든 것을 용서받거나, 아무것도 용서받지 못하는 조직 속에 살고 있는 현대 우리나라의 청소년들에게 그들 내부에는 누구도 함부로 할 수 없는 그 사람 만의 독특한 능력과 개성이 있다는 사실을 어렵고 까다로운 수학적인 논리를 활용하여 쉽게 설명하고 있습니다.

평소 '실력과 인성이 균형 잡힌 인재 양성'을 비전으로 갖고 있는 저자는 수학과 상담을 접목시켜 수학이 딱딱하고 어려운 과목이 아니라 재미있고 따뜻한 과목임을 알게 하고, 이를 통하여 수학 실력과 건강한 인성을 겸비한 청소년들이 되면 더없이 좋겠다고 희망하고 있습니다.

저자의 순수한 열정과 비전으로 쓰여진 이 책은 여러 가지 면에서 독자들에게 큰 힘을 준다고 확신합니다.

한국상담대학원대학교 총장
이혜성

이 땅의 모든 '수포자'들에게
전하는 희망의 메시지

"수학을 배워서 어디에 써요?"

이 시간에도 수학을 공부하는 학생들의 질문이다. 하지만 이 질문은 대부분 무시되기 마련이다. 이미 학생들은 시험과 대학 진학을 위해 수학을 공부한다는 것을 알고 있기 때문이다. 이 질문은 소위 수학에서 '루저'라고 일컬어지는 '수포자'(수학을 포기한 자)가 수학을 떠나면서 던지는 마지막 질문이기도 하다.

나는 공대 출신이며, IT회사에 다녔으며, 수학학원 원장이었기에 오랫동안 수학을 접해 왔다. 하지만 '수학을 배워 어디에 쓰지?'라는 질문에 속시원히 대답할 수 없었다. 아무리 어려운 수학 문제를 잘 푼다 해도, 인생에는 풀리지 않는 문제들이 더 많다. 지금의 청년실업 문제나 인간관계에서 파생되는 문제들이 오히려 더 어렵다는 생각이 든다.

그러던 중 나는 상담을 공부하게 되었다. 상담이란 자기 자신을 수용하면서 이해하는 과정이었다. 그러면서 나 자신을 찾는 과정이었고, 상대를 이해하는 과정이었으며, 이것을 토대로 세상을 헤쳐나가는 방편이었다. 나의 감정은 소중한 것이며, 표현할 수 있는 것이고, 누구나 자신의 감정이 지지받고 이해받기를 바란다는 사실을 알게 되었다.

내가 상담을 공부하면서 깨달은 사실은, 어떤 상담가보다 수학이 훌륭하고 멋진 상담가라는 것이다. '더하기'를 통해 현재에 감사하라는 것을, '일차방정식'을 통해 나의 존재가 얼마가 소중한지를, '함수'를 통해 내가 말하는 대로 나의 모습이 이루어진다는 것을, 수학은 나에게 원리로서, 개념으로서, 기호로서 알려 주었다.

나는 중고등학교 아이들이 배우는 수학을 이용해 그들에게 전하고 싶은 메시지를 요약했다. 실제 강의에서 아이들에게 전한 내용들이다. 아이들에게 가장 힘있는 메시지는 '나도 그래봤어'였다. 아이들과 공감하며 소통하기 위해 나 자신을 솔직하게 보여 주어야 했다. 아이들과 나는 다른 점이 많지만, 한 배를 타고 여행하는 동료이자 친구였다.

흔히 사람들은 자신의 소중함을 잘 깨닫지 못한다. 나 자신의 소중함을 모르기 때문에 다른 조건으로 사랑받으려 한다. 학생들은 공부를 잘함으로써, 취업 준비생은 취직에 성공함으로써, 아빠들은 돈을 많이 벎으로써, 엄마들은 아이들의 학업 성취도로써 자신이 사랑받는다고 생각한다. 거꾸로 이야기하면, 공부를 잘 못하면, 취직을 못하면, 돈을 못 벌면, 아이들의 학업 성취도가 낮으면, 나 자신이 미천한 존재가 된 것마냥 여기게 된다. 우리는 장점도 있고 단점도 있는 한 사람이다. 완벽할 수 없으며, 당연히 실수할 때도 있다. 이를 통해 배우고 성장하는 존재인 것이다.

이 책을 수학 공부라 생각지 말고 관심 가는 부분을 찾아 읽어보면 좋겠다. 그래서 마음이 따뜻해지고, 고개가 끄덕여지고, 다시 해

보겠다는 마음의 힘이 올라온다면, 그것이 바로 '수학을 배우는 목적'이라고 이야기해 주고픈 작은 소망을 가져 본다.

2016년 2월

이 수 영

1. 수학이 널 응원해

수와 연산

방정식과 부등식

함수와 그래프

2. 수영 쌤의 힐링톡

덧붙이며

1.

수학이 널 응원해

수와 연산

더하기와 빼기

| 꿈을 꿀 수 있음에 감사하는 것 |

나에게 부족한 것에 집중하는 것이 아니라,
내가 가진 것으로 지금 할 수 있는 일을 감사하며 실행했으면 합니다.
축복은 내가 가진 것으로부터 시작합니다.

수학을 배우게 되면 처음 접하게 되는 것이 사칙연산이지. 사칙연산은 '더하기+', '빼기-', '곱하기×' 그리고 '나누기÷'를 말하지. 그중 더하기와 빼기에 대해 생각해 보자.

> Q. 3+2의 값을 구하라

답은 5. 사탕 3개에 2개를 더하면 사탕이 총 5개라고 할 수도 있지.

답은 2. 5에서 3을 덜어내면 2가 남는 거지. 혹은 5가 되려면 지금의 3에서 2가 부족하다고 해석할 수도 있어. 더하기와 빼기를 보면, 우리가 세상을 바라보는 법을 이야기하는 것 같아.

우리는 성장하면서 바라는 것이 생기는데, 그것이 내가 '되고 싶은 것'일 수도 있고, '갖고 싶은 것'일 수도 있어. 어떤 친구는 그것을 '꿈'이라 부르기도 하고, 어떤 사람은 '목표' 혹은 '바람'이라는 표현을 쓰기도 해. 간혹 꿈과 목표가 없다고 하는 아이들이 있지만, 그 친구들과 한참 이야기를 나누다 보면, 하고 싶은 것들을 대부분 가지고 있어.

지금 너의 모습이 숫자 3이라고 생각해 보자. 그런데 네 앞에 2라는 친구가 나타난 거야. 그렇다면 너와 네 친구가 합을 이루어 5를 함께 바라볼 수 있는 거야. 서로의 장점을 칭찬하고, 서로의 부족한 점을 도와가면서 서로 힘을 합쳐 5라는 목표로 나아가는 거야. 이것을 더하기라고 할 수 있어.

이때 5라는 친구가 나타났다고 해보자. 나보다 더 똑똑하고 멋져 보이는 친구지. 그와 함께 있으면 더 큰 목표를 그릴 수 있을 것 같아. 그와 함께 새로운 꿈을 꾸게 되면, 3+5=8이 되지.

반면, 빼기의 관점에서 보자. 3이라는 나에게, 5라는 친구가 나타났어. 5를 보니까 나보다 더 똑똑하고 잘생기고 인기가 많은 것 같아. 이때 그와 나 사이에 차이가 나는 2를 자꾸 불평하게 될 수 있는 거야.

'저 친구는 나보다 공부를 잘해.'

'저 아이는 맨날 놀면서도 백점이야.'

'쟤는 외국에 살았어서 영어도 잘하는데 난 이게 뭐야.'

내 부족한 면만 계속 생각하는 거지. 내가 왜 이렇게 부족한지, 내가 왜 이렇게 못하는지. 그러면서 조금씩 나 자신을 원망하게 되고, 그 친구를 미워하기 시작해. 이것이 5-3=2라고 할 수 있어.

어느 날 3인 나에게 2라는 친구가 나타났어. 나보다 1이 부족한 친구야. 문득 나 자신이 그 아이보다는 낫다는 우월감이 들기 시작해. 2밖에 되지 못하는 그 아이가 형편없어 보이고 불쌍해 보였어. 그러고는 나보다 부족한 아이들만 찾아 스스로 잘났다는 생각으로 살기 시작하지.

현재 내 모습이 3이야. 2를 더 가지면 5를 이룬다는 것을 그림으로 그려 보자.

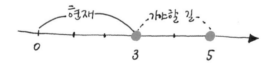

너에게 물어보고 싶어. 0에서 3까지 어떻게 왔니? 힘들진 않았어? 감사할 일은 없었어? 맞아. 네가 3으로 오기까지 분명 참 감사했던 일이 있었을 거야. 오늘 아침 해가 뜬 것. 잠에서 깨어난 것. 눈이 스스로 떠진 것. 에이~ 그게 뭐 대단한 일이냐고? 생각해 보자. 잠을 자는 것이 얼마나 소중한 일일까? 불면증처럼 힘든 일이 없거든. 잠을 자고 싶어도 잠을 잘 수 없는 경우 말이지. 그리고 오늘 아침 해가

떴다는 거야. 지구가 자전을 하면서 해가 뜨고 진다는데, 너무 신기하지 않니? 또 태양이 주는 에너지를 우리는 늘 공짜로 받고 있잖아. 이밖에 등교할 학교가 있다는 것. 소중한 가족이 있다는 것. 글자를 읽을 줄 알고, 그것을 통해 지식을 얻을 수 있고, 눈이 건강하게 사물을 볼 수 있고, 귀는 소리를 들을 수 있어. 생각할수록 얼마나 크고 감사한 일이야?

이제 빼기를 보자. 내가 3인데 목표인 5가 되기 위해서는 2가 부족하지.

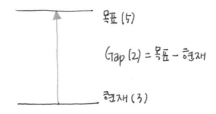

현재 자리까지 오게 된 것은 바라보지 않고, 내가 가지지 못한 오로지 부족한 부분만 바라보는 거야.

더하기는 더 큰 목표에 시선을 두지만, 빼기는 나 자신에게만 시선을 둔단다. 더하기는 지금 있는 것에 감사하지만, 빼기는 내가 갖지 못한 것을 원망하지. 더하기는 다른 사람과 함께 사는 삶을 누리지만, 빼기는 혼자서 모든 것을 하려고 하지.
너는 지금 더하고 있니, 아님 빼고 있니?

몫과 나머지

| 나머지는 세상에 돌려주자 |

나의 것과 나머지를 잘 구분하여, 나의 것은 감사히 누리고,
나머지는 세상에 돌려주는 여러분이 되기를 소망합니다.

이제는 나누기를 배울 차례야. 그러기 위해서는 곱하기를 배워야
하는데, 곱하기는 구구단에서 배웠지? 만약 2 곱하기 3이라고 하면,
기호로는 2×3이라 쓰고, 2를 3번 더한다는 의미지. 계산해 보면, 2
×3=2+2+2=6.

나누기는 그 반대지. 6÷2는 6을 2로 나누라는 뜻이고 답은 3이
야. '6개의 사탕을 2개씩 묶으면 몇 개의 묶음이 생길까'라는 질문으
로도 표현할 수 있어.

나누기에는 이렇게 숫자가 자연수[1]로 떨어지는 경우도 있지만,
자연수로 떨어지지 않는 경우도 있어. 예를 들어 7÷3을 보면, 7개의

---

[1] 하나하나 셀 수 있는 수. 1, 2, 3……을 자연수라 한다.

사탕을 3개로 묶으면 2개의 묶음이 생기고 한 개의 사탕이 남지. 이것을 기호로 표현해 보면, $7 \div 3 = 3 \times 2 + 1$.

나중에 분수를 배우게 되면, 이것을 가분수 $\frac{7}{3}$로 나타내기도 하고, 대분수인 $2\frac{1}{3}$로 나타내기도 해. 그리고 나누기에서 바로 몫과 나머지라는 용어를 배우게 돼.

> **Q.** 7을 3으로 나눈 몫과 나머지를 구하시오.

① $7 = 3 \times 1 + 4$이며, 몫은 1이고 나머지는 4

② $7 = 3 \times 3 - 2$이며, 몫은 3이고 나머지는 -2

③ $7 = 3 \times 2.3 + 0.1$이며, 몫은 2.3, 나머지는 0.1

①, ②, ③ 중 어느 것이 맞을까? 세 가지 모두 이유가 있겠지만, 세 개 모두 답은 아니야. 어떤 식으로든 여러 가지 생각에 대해 규칙을 정하고, 그것을 따르자는 거야.

$7 = 3 \times 2 + 1$은 2가 몫, 나머지가 1이 되고, 그래서 대분수 $\frac{7}{3} = 2\frac{1}{3}$이 된단다.

중학교 수학에서는 몫과 나머지에 대해 문자로 이렇게 표현해. 자연수 a를 b로 나누어 다음 식이 성립한다면

$$a = b \times (몫) + (나머지)$$

(1) 나머지는 b보다 작다.

(2) 나머지가 0이면 a는 b로 나누어 떨어진다고 한다.

고등학교 수학에서도 나머지정리[2]를 배우는데, 이것도 결국 $7 \div 3 = 3 \times 2 + 1$의 원리와 똑같아. 다만 숫자를 문자로 바꾸었을 뿐이야.

쌤은 가끔 상상해. 만약 모든 사람이 몫은 자신이 갖더라도 나머지는 세상에 돌려준다면, 얼마나 좋을까? 만약 우리가 용돈을 받으면 몫은 내 것으로 쓰고, 나머지로는 어려운 이웃을 돕는 거지. 그런데 돈만 그렇게 할 수 있을까? 우리의 시간은? 우리의 건강은? 우리의 지식은?

우리가 사용하고 남은 나머지 시간들 있잖아. 바쁘다고? 맞아. 넌 너무 바빠. 시간이 없어. 그런데 솔직히, 너무 하고 싶은 일에는 어떻게든 시간을 내잖아. ^^ 분명 시간을 낼 수 있어. 쌤은 다 알지. 예를 들어 왠지 텔레비전 보고 싶고, 인터넷 하고 싶은 그런 때 있지? 이런 시간을 세상에 돌려주는 거야. 고마운 사람에게 문자 한통을 보낸다든지, 부모님께 사랑한다는 카톡 메세지도 좋고. 건강한 몸을 이용해 어려운 사람을 돕는 것도 귀한 일일 거야.

"너희가 너희의 땅에서 곡식을 거둘 때에, 너는 밭 모퉁이까지 다

---

2 x에 관한 다항식을 일차식 $x - \alpha$로 나누었을 때의 몫을 $Q(x)$, 나머지를 R_1이라 하면
$f(x) = (x - \alpha)Q(x) + R_1$

거두지 말고, 네 떨어진 이삭도 줍지 말며, 네 포도원의 열매를 다 따지 말며, 네 포도원에 떨어진 열매도 줍지 말고, 가난한 사람과 거류민을 위하여 버려두라"(레위기 19: 9-10)는 성경구절이 있어. 이것을 그림으로 그려보면 다음과 같아.

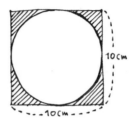

즉, 모퉁이를 남겨놓아야 하지. 그렇다면 빗금친 넓이는 몇일까?

$$S = 10 \times 10 - 5 \times 5 \times 3.14 = 100 - 78.5 = 21.5$$

21.5%는 남겨 놓자는 거야. 내가 가진 것이 돈일 수도 있고 시간일 수도 있고 재능일 수도 있는데, 그것의 20%를 남을 위해 쓴다면, 이 사회가 무척 아름다워질 거야. 몫과 나머지를 공부할 때, '너의 나머지'를 어떻게 사용할지 꼭 생각해 봐.

등호와 부등호

| 감당할 수 있는 만큼의 시련만 온다 |

당신의 시련은 당신의 크기를 나타냅니다.
큰 시련일수록, 당신이 크고 위대하다는 뜻이네요.
시련으로 성장할 당신을 축복합니다.

언젠가 쌤한테 그랬지? 이번 기말고사도 망쳐서 너무 힘들다고.
지난번 중간고사보다 시험공부도 열심히 했고, 기대도 많이 했는데.
게다가 친구를 보면 더 속상하다고. 그 아이는 공부도 안 하는 것 같
고, 시험기간에 노래방도 가고, 맛있는 것도 자주 먹으러 갔는데 말
이지. 그런 친구를 보면서 '나는 노력해도 안 되는구나' 하는 좌절감
만 들었겠구나.

> **Q.** 'x는 2와 같다'를 기호로 표시하시오.

'같다'라는 기호를 '등호'라고 하고 'x는 2와 같다'를 아래처럼

표시해.

$$x=2$$

> **Q.** $a=b$ 이면 $a-b=0$ 임을 보이시오. (단 a, b는 실수)

만약 $a=b$ 라면(a, b는 실수), 양변에 같은 수를 더하거나 빼거나 곱하거나 0이 아닌 수로 나누어도 등식은 성립하지. 따라서 양변에서 b를 빼보자.

$$a-b=b-b$$
$$a-b=0$$

'나 자신이 시험 점수와 같다'라고 해보자. 그렇다면 이렇게 쓸 수 있을 거야.

$$나 = 시험$$
$$나 - 시험 = 0$$

이 의미는 '나에게서 시험을 빼면 0이다'가 되는 거야. '나에게서 시험을 빼면 아무것도 없어'라며 많은 아이들이 그런 기분을 느끼고 있는 것 같아. 쌤이 하루는 네 또래 아이들에게 A4용지를 나누어 주고서, 네모를 이용해 지금 생각나는 그림을 그려보라고 했어. 다음 그림을 봐줄래?

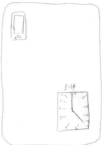

▶ 머릿속에는 시험 생각뿐
이며, 시험지에는 맞은
것보다 틀린 것이 더 많
은 로봇 그림.
▶▶ 시험을 14일 앞두고 있는
시계 그림.

만약 누군가 쌤에게 '당신은 아빠이니 돈만 벌어오시오'라고 한다면 어떤 기분일까? '돈 못 벌어오면 아빠 자격 없다'로 받아들여질 것 같고, '그럼 돈을 얼마나 벌어야 해?'라고 따지고 싶을 것 같으면서도, 괜히 돈 벌어오는 게 슬프고 힘들 것 같아. 아마 너희도 그런 기분일 것 같아.

학생이면 공부도 해야 하겠지만, 신체적·정신적·심리적·정서적으로 성장을 이루어야 해. 성장이란 여러 가지 도전과 탐구를 하면서 배우고 익혀야 가능한 거잖아. 성장뿐만이 아니라 성숙도 이루어야지. 앞만 보고 달리는 것이 성장이라면, 잠시 멈추고 기다리는 것이 성숙일 거야.

> **Q.** 'x는 3보다 크다'를 부등호로 표시하시오.

'~보다 크다' '~보다 작다'를 기호로 > 혹은 < 라고 해. 이것을 부등호라고 해. 'x는 3보다 크다'를 기호를 사용해 표현하면 이렇지.

$$x > 3$$

네가 시험을 못 본 이 상황이 싫을 거야. 시험 때문에 힘들어하는 나 자신도 마음에 안 들고, 시간을 되돌리고 싶은 마음 굴뚝같겠지만, 한번 버텨 보는 것은 어떨까?

쌤이 우연히 닉 부이치치의 동영상을 볼 기회가 있었어. 그는 팔도 없고, 다리도 없이 태어났어. 어릴 적 자신이 과연 살아야 할 필요가 있을까 생각했었대. 그런데 이 모든 어려움과 신체적인 장애를 극복하고 전 세계를 돌아다니며 강연을 하며 사람들에게 희망을 전하고 있어. 팔다리가 없는 사람도 이렇게 살아가는데, 너희도 충분히 잘 살아갈 수 있다고.

한 회사의 사장이라고 생각해 봐. 어떤 직원이 있는데, 그 직원은 너무나 유능해. 일을 너무 잘해. 그러면 그 직원은 아마도 가장 어려운 매장으로 파견될 거야. 왜냐하면 그 직원만이 그곳을 살릴 수 있을 거니까. 그런 의미로 지금의 네 자리는 너만이 있어야 할 자리인 거야. 누구도 너를 대신할 수 없어. 흔들리지 않으며 피는 꽃이 있을까? 흔들리지 않는 나침반은 고장난 거지. 멈춘 나침반은 고장난 거야.

지금의 자리. 비록 그곳이 실패의 자리고 어두운 자리고 당장이라도 벗어나고 싶은 자리더라도, 네가 버틸 수 있기에 그 자리가 허락된 거야.

$x > 3$ 라면 $x - 3 > 0$ 이라고 변형할 수도 있지?

너를 x 라고 할 때, 네가 시련보다 크다면 이렇게 표현할 수 있지.

$$x > 시련$$

이렇게도 말할 수 있어.

$$x - 시련 > 0$$

즉, 너가 지금의 어려운 상황을 다 감당하면서도 0(아무것도 아닌 것)보다 크다면, 지금 이 순간 네가 숨쉴 수 있고, 일어나 걷고 있고, 앞을 향해 나아가는 것만으로 너는 이긴 거야.

비록 포기하고 싶은 마음도 들고, 지금의 자리에서 도망가고 싶은 마음이 들지. 그럼에도 불구하고 그 자리에 서 있다면, 넌 승리한 거야.

$$x > 시련 \leftrightarrow x - 시련 > 0$$

약수와 배수

| 우리는 같으면서도 다른 존재 |

사람들은 모두 다릅니다. 다르기 때문에 아름답습니다.
같은 목표를 향해 달려가는 다름이 되기를 축복합니다.

전 세계 인구 중에서 나와 똑같은 사람이 하나도 없다는 것은 참 신기해. 똑같은 사람이 그래도 한 명은 있을 것 같은데, 어쩌면 그렇게 다른지.

친구들을 보더라도 참 다르지? 어떤 아이는 굉장히 외향적이고 새로운 친구 만나는 걸 좋아해. 반대로, 어떤 친구는 친한 아이들끼리만 친하고 새로운 친구 만나는 걸 어려워하기도 하지. 어떤 아이는 기계 만지고 고치는 걸 좋아하지만, 어떤 아이는 상상력이 뛰어나 세상에 없는 것을 생각하고 만들어 내는 걸 좋아하기도 해.

여러 심리테스트를 보더라도 사람마다 다르다는 걸 증명이라도 하듯, 검사 결과가 모두 제각각이야. 비슷한 부류를 묶어 놓기도 하는 걸 보면 공통점도 있고.

소인수분해란 자연수를 소수의 거듭제곱꼴로 나타내는 거야. 예를 들면, $36 = 2 \times 2 \times 3 \times 3$ 같은 것이지. 소인수는 2와 3이야. 두 수의 최대공약수를 찾는 법은, 두 수의 공통점을 찾는 것과 같아. 마치 두 사람의 공통점을 찾듯이.

Q. $2^3 \times 3^2 \times 5$, $2^2 \times 5^2 \times 7$의 최대공약수와 최소공배수를 거듭제곱꼴로 나타내어라.

최대공약수를 찾기 위해서는

1) 소인수분해를 한다.

2) 공통적인 부분을 찾는다.

　두 수 $2^3 \times 3^2 \times 5$, $2^2 \times 5^2 \times 7$에서

　소인수 2에 대한 공통 부분은 2^2

　소인수 3에 대해 공통 부분은 없음

　소인수 5에 대해 공통 부분은 5^1

　소인수 7에 대해 공통 부분은 없음

　∴ 최대공약수는 $2^2 \times 5^1$

반면에 두 수의 최소공배수 찾는 법은, 두 사람의 차이점까지 모두 포함한 한 몸을 만드는 것과 같아.

1) 소인수분해를 한다.

2) 소인수별로 가장 큰 수를 찾는다.

　두 수 $2^3 \times 3^2 \times 5,\ 2^2 \times 5^2 \times 7$에서

　소인수 2에 대해 가장 큰 수는 2^3

　소인수 3에 대해 가장 큰 수는 3^2

　소인수 5에 대해 가장 큰 수는 5^2

　소인수 7에 대해 가장 큰 수는 7

　∴ 최소공배수는 $2^3 \times 3^2 \times 5^2 \times 7^1$

　친구들끼리도 공통점이 있으면 금세 친하게 되지. 공통 화제가 있으면 처음 봐도 금방 친해지잖아? 그런데 신기한 건, 남녀가 만나서 가정을 이루는 부부 사이는 심리 검사를 해보면 곧잘 서로 반대의 유형이 나온다고 한다는 거야. 서로의 차이점을 매력으로 느끼는 거지.

　어떤 친구는 참 적극적이야. 사람들 앞에서 발표하는 것도 거리낌 없이 잘하지. 모임을 주도하고, 사람 만나는 걸 참 좋아하고. 남들 앞에 나서는 건 사실 무척 떨리는 일인데 그런 일이 참 좋은가봐.

　어떤 친구는 무척 논리적이야. 뭔가를 물어보면 언제나 백과사전처럼 답이 척척 나와. 간혹 질문이 엉뚱하고 도발적이라서 상대를 당황스럽게 하지만, 그것마저도 정말로 궁금해서 물어보는 경우거든.

어떤 친구는 참 독특해. 외모에서도 남들과 같아지는 걸 싫어하지. 규칙에 얽매이지 않고 하고 싶은 걸 꼭 해야 하고.

어떤 친구는 무척 착해. 어려운 사람을 그냥 지나치지 못해. 자기 주머니에 있는 걸 털어 불쌍한 사람을 도와주려고 해. 불쌍한 아이들에게 신경써 주고 기꺼이 친구가 되어 주고. 우리 생각에는 그럴 필요까지는 없다고 보는데도 그 아이는 안 그런가 봐.

만약 우리가 서로를 이해하지 못하면, 서로 비난하게 될 거야. 적극적인 친구에게는 나댄다며 싫어하고, 논리적인 친구에게는 인정이 없다며, 독특한 친구에게는 혼자 튀려 한다며, 착한 친구에게는 우물쭈물한다며 말이야. 하지만 서로 다른 친구들이 한 반에 모여 공동체를 구성하는 것은 최대공약수인 '사랑'을 찾기 위해서일 거야.

서로를 인정하며 적극적인 친구가 새로운 곳을 개척하고, 논리적인 친구가 조직을 구성하고, 독특한 친구가 개성을 창출하면서 순수한 친구가 어려운 친구를 돌봐준다면, 그 반은 무척 아름답고 재밌는 곳이 될 거야. 마치 최소공배수를 이루듯이 말이지.

서로 다른 자연수들이 모여 있을 때 공약수와 공배수를 찾는 과정을 배웠는데, 그렇듯 서로 다른 사람들이 있을 때 서로의 공통점과 차이점이 무엇인지 알아가며 공통점을 교류하고 차이점을 인정하며 하나의 뜻을 위해 나아가는 것, 참 아름다운 모습 아니겠니?

순환소수

| 반복되는 나쁜 습관의 원인 |

자신에게 반복되는 나쁜 습관이 있나요?
우선 자신에게 솔직해지는 것이 중요해요. 나쁜 습관의 원인은 무엇인가요?
두려웠나요? 미웠나요? 힘들었나요? 그 감정을 표현하고 수용하는 것이 중요합니다.

하루는 한 학생이 내게 찾아왔어. 자신에게 무척 나쁜 습관이 있
다는 거야. 그 아이 표현으로는, '미룸 바이러스'에 감염됐대. 그게 무
슨 말인가 궁금했어. 알고 보니, 모든 일을 미루는 습관이 있다는 거
였어. 시험을 앞두고도 공부를 안 하고 계속 미룬다는 거야. 그러다
가 시험 전날 한 번에 공부를 다 하려고 보니 늘 좌절하고, 시험 결과
가 안 좋으니 더 공부하기가 싫고. 성적은 안 나오니까 부모님께 계
속 죄송하다고 하더라구.

그 친구와 한참 이야기를 나누어 보니, 공부를 미루게 되는 원인
이 한마디로 공부하기 싫어서임을 알 수 있었어. 하지만 '공부하기
싫다'는 말을 하기가 어렵잖아? 그것을 말로 표현하는 것이 용납이
안 되자 자신도 모르게 몸과 행동, 즉 미루는 습관으로 나오게 된 거

였어.

그러면 왜 공부가 하기 싫었을까? 이야기를 나누어 보니, 그 아이의 마음속에는 미움이 자리잡고 있었어. '공부하라'고 말하는 대상은 부모님과 선생님인데, 그들에게 좋지 않은 기억을 가지고 있었어. 어떤 특정 사건을 기억하면서 그로 인해 그들을 미워하고 있었어. 그리고 그 미움을 해결하는 방법으로 복수를 선택하고 있었어. 그 아이의 복수 방법은 부모님의 말을 듣지 않는 것. 학교에 일부러 지각하는 것. 지각하는 것이 자기 스스로에게 안 좋다는 걸 알고 있는데도 지각하고 선생님께 야단을 맞아. 그렇게 스스로를 혼나게 하면서 자신의 미움을 더 키우고 정당화시킨 거야. 결국 '미움'이라는 마음이 '미룸'이라는 행동을 유발한 것이었으며, 이 행동이 거꾸로 미움을 커지게 하는 악순환이 계속되었던 거지.

> **Q.** 0.232323...의 순환마디를 찾으시오.

0.232323... 이라는 숫자가 있어. 이것을 '순환소수'라고 해. 이 숫자에서는 '23'이 계속 반복되고 있어. 즉 순환마디는 23이야. 그 아이도 스스로에게 무언가를 자꾸 미루는 습관이 있다고 발견한 거야. 마치 순환소수의 순환마디를 찾아내듯 말야.

0.232323…을 x라 하자.

$$x = 0.232323…$$

양변에 100을 곱해 보자.

$$100x = 23.232323…$$

23이라는 숫자가 소수점 위로 올라왔지. 그동안 감추어 왔던 미움의 감정이 눈에 보이도록 올라온 거야.

자기 마음을 자각한다는 건, 처음에는 무척 힘들고 고통스러워. 처음에는 이 사실을 부인하고 받아들이지 않아. 그리고 일시적으로 언어나 행동이 더 과격해질 수 있거나 더 우울감을 느낄 수 있어. 어떤 경우는 거친 행동을 하기도 하지만, 어쩌면 아주 자연스러운 현상이야. 시간이 지나면서 자신을 곧 받아들이게 되지. 상담은 그 사람의 모습을 그대로 바라봐 주고, 이야기를 들어 주고, 스스로 원인을 찾도록 도와주는 거야. 소수점 위로 올라온 23처럼, 미움이라는 감정을 그대로 바라봐 주는 거야. 그리고 스스로 그것을 다룰 수 있을 때까지 수용해 주는 거지. '많이 미웠구나', '그랬구나', '힘들었겠다' 하며 이야기를 통해 그 마음을 지지해 주는 거야.

그렇듯이 이 식을 다루어야 해. 내 미움의 감정을 다루듯이 말이야.

$$100x = 23.232323… = 23 + 0.232323… = 23 + x$$

23이라는 숫자를 이용해 $100x = 23 + x$ 라는 방정식이 만들어지고, $99x = 23$이 되어, $x = \dfrac{23}{99}$ 이 되지.

순환소수를 바라보면서, 소수점 밑에 있는 우리의 반복되는 습관들, 미루는 습관과 같은 나쁜 습관이 있고, 그것을 소수점 위로 드러내어 의식하게 되면, 의외로 문제가 쉽고 단순하게 표현될 수 있어. 0.232323... 이 $\dfrac{23}{99}$ 으로 표현된 것처럼 말야. 미루는 습관 뒤에 숨어 있던 건 '미움'이었으며, 그것은 결국 '인정'과 '사랑'을 받고 싶다는 마음이었어.

실수와 허수[3]

| 존재감 없는 나 자신 |

지금의 자기 자신이 허수처럼 느껴지더라도,
마음속 분명히 존재하는 당신의 열정을 찾아보기 바랍니다.

'가족 역할 검사'를 해보면 몇 가지 유형이 나오는데, 자신이 어떤 유형인지 생각해 보는 것도 괜찮겠다. 어려운 일은 자기가 다 처리하려는 '영웅형', 즐거운 것만 생각하고 경험하려는 '마스코트형', 가족 중에서 자기만 불공평하다고 느끼는 '희생양 유형', 갈등을 피해 다니는 '잊혀진 아이 유형' 등 여러 유형들이 있어.

복소수를 배우게 되면, 실수와 허수라는 용어가 나와. 실수는 크기가 있는 수이고, 허수는 크기를 잴 수 없는 수야. 허수의 단위인 i는 제곱하여 -1이 되는 수야. 즉, $x^2 = -1$의 해를 말하는데, 이런 x값은 실수에는 없기 때문에 i라는 기호로 표현하게 된 거야($i = \sqrt{-1}$).

---

3 이동하의 'C-Story와 수학'에서.

쌤은 실수(양수[0을 포함]와 음수)와 허수로 너의 마음을 표현해 봤어.

1) +1

이번 시험은 내심 기대할 만하지. 지난 번보다 열심히 했으니까. 희망이 보여. 이번만큼은 당연히 잘될거라 생각했지. 가족들의 기대도 마찬가지였고. 이런 기대의 크기는 양수야.

2) -1

실패했어. 기대가 컸던 만큼 실망도 컸어. 이 실망감을 어떻게 할 줄 모르겠어. 도저히 이 상황을 받아들일 수 없어. 나를 이렇게 만들어 버린다니. 이런 실망한 마음이 음수야.

3) $\sqrt{-1} = i$

너무 화가 났기에 나 자신을 어두운 곳, '루트'에 가두어 버렸어. 그러자 크기가 없는 투명인간과 같은 존재가 된 거야. 가족들도 나를 건드릴 수 없는 존재가 되었어. 방에서 나오지 않고 밥도 먹지 않았어. 이 상황을 받아들일 수 없으니까.

Q. 다음을 계산하시오.
$(2+i)+(1-3i)$ (단, $i=\sqrt{-1}$)

$$(2+i)+(1-3i) = (2+1)+(1-3)i = 3-2i$$

문득 친구의 '힘들지?'라는 문자에 눈물이 나오려 해. 길거리에서 수다를 떠는 다른 사람들 모습이 부러우면서 나 자신이 더 초라해지고 형편없이 느껴지고. 나를 이렇게 만든 나 자신이 원망스러우면서, 부모님께는 한없이 죄송해. 그저 시키는 공부를 열심히 했을 뿐이고, 가라는 학교를 갔을 뿐인데, 내게 돌아온 것은 나 같은 존재는 필요없다는 거절감뿐이었어.

4) $\sqrt{-1} \times \sqrt{-1} = -1$

착한 줄 알았던 내 마음에 마이너스라는 마음이 있었어. 나를 가르치려 들던 사람, 부잣집 그 아이, 인터넷상의 연예인들……. 그들에 대한 부러움 뒤에는 미움이 있었고, 심지어 나 자신을 그렇게 미워하고 있었어. 미움과 미움이 또 다른 미움을 낳았어.

5) $|-1| = 1$

그런데 사실은 내 마음속 증오의 크기만큼 열정이 있었던 거야. 나 자신에 대해 높은 기준을 가지고 있었어. 이 사회에 대해서 불만이 많은 만큼 내 할 일이 보이고. 부족한 내 모습은 해야 할 일들의 동기가 되고, 부족한 사회 시스템은 내가 이 사회에 필요한 사명이 되었어. 다시는 나 같은 피해자가 나오지 않도록 말야. 난 다시 일어나야 해. 나의 분노는 나를 성장시키는 에너지가 되고, 나의 미움은 내가 정말 갖고 싶은 것이 무엇인지 알게 해주는 절대적인 열쇠가 되었지.

쌤이 네 또래 아이들과 이야기해 보면, 모두들 한결같이 참 착하단다. 자기가 지금 아픔 가운데 있으면서도 부모님, 선생님 그리고 친구를 걱정하고 있어. 그러면서 자기가 엄청 아프다는 걸 표현조차 못해. 무언가 불안하고 답답하고 힘들어도 왜 그런지 이유를 잘 모르기도 하고, 그 크기를 알지 못하기도 해.

그런데, 이제는 아프면 아프다고 말하렴. 아픔을 나누렴. 배고프면 배고프다고, 사랑이 고프면 사랑받고 싶다고 말하렴. 남이 잘되면 진심으로 축하해 주고, 나도 그처럼 되고 싶다고 솔직하게 이야기하렴.

존재감 없는 허수, 루트 안에 미움이 있고, 그 미움의 크기만큼 나의 욕구가 있다는 사실을 잊지 말길.

2

방정식과 부등식

일차방정식

| 네 안에 있는 진짜 너 |

자신을 가려 놓은 것들에서 벗어나기를 바랍니다.
일차방정식의 해를 구하는 과정처럼,
자신에게 붙어 있는 불필요한 것들을 떼어내세요.

미켈란젤로의 피에타상을 혹시 아니? 아래 사진을 보자.

피에타상에 관한 일화가 있어. 미켈란젤로가 어느 날 대리석 상점 앞을 지나가고 있었어. 그런데 그 앞에 버려진 대리석을 발견했지. 미켈란젤로는 상점 주인에게 말하고 그 대리석을 자신의 작업실로 옮겼어.

그로부터 1년 뒤 작업을 마친 미켈란젤로는 상점 주인을 초대했어. 그리고 이 작품을 보여 주었어. 상점 주인은 눈이 휘둥그래진 채로 물어봤어.

"어떻게 버려진 돌로 이런 훌륭한

조각품을 만들 수 있었나요?"

미켈란젤로가 대답했어.

"나는 단지 예수가 시키는 대로, 불필요한 부분을 쪼아냈을 뿐입니다."

지금의 자기 모습을 바라보면 별 볼일 없는 것 같지? 마치 상점 주인이 내다버린 커다란 대리석처럼. 우리 안에 소중한 것이 있어도 겉에 덕지덕지 붙어 있는 오물 때문에 그 소중한 것이 보이지 않을 수 있지. <당신은 사랑받기 위해 태어난 사람>이라는 찬양이 있듯, 우리는 사랑받기 위해 태어난 소중한 존재야. 그렇다면 내 겉에 붙어 있는 더러운 것들을 떼어내면, 내 진짜 모습을 찾을 수 있지 않을까?

사람들은 대부분 자기 자신을 잘 몰라. 그래서 '나 자신'을 x라는 미지수라고 해보자. 그리고 내 본래 모습은 1이라고 해보자.

$$x = 1$$

그런데 지금 내 모습이 많이 변해서 이런 모습이 되었어.

$$\frac{3(x-5)}{4} - 1 = -4$$

여기서 내 진짜 모습을 찾을 수 있을까? 내 본래 모습을 회복할 수 있을까? 내 모습이 왜 이렇게 변했을까? 처음 모습을 잃어버린 채로.

$$\frac{3(x-5)}{4} - 1 = -4$$

우리 같이 원래 모습을 찾아보도록 해보자. 먼저 양변에 1을 더해 주자. 등식의 양변에 같은 수를 더해도 등식은 성립하니까.

$$\frac{3(x-5)}{4} - 1 + 1 = -4 + 1$$

$$\frac{3(x-5)}{4} = -3$$

양변에 4를 곱해 보자.

$$\frac{3(x-5)}{4} \times 4 = -3 \times 4$$

$$3(x-5) = -12$$

양변을 3으로 나눠 보자.

$$3(x-5) \div 3 = -12 \div 3$$

$$(x-5) = -4$$

양변에 5를 더해 주자.

$$(x-5) + 5 = -4 + 5$$

$$\therefore x = 1$$

드디어 진짜 내 모습인 1을 찾았어. 커다란 대리석에서 불필요한 것들을 떼어 냈더니, 피에타상처럼 아름다운 작품이 나온 것처럼 소중한 내 모습을 발견한 거야.

여기서 한 가지 궁금해지는데, 어떻게 1이라는 나 자신이 그렇게 풀기 어려운 모습으로 변했던 거지?

Q. $x=1$이 $\dfrac{3(x-5)}{4}-1=-4$ 가 되도록 유도하시오.

$x=1$에서 양변에 5를 빼주자.

$$x-5=1-5$$
$$x-5=-4 \quad \cdots ②$$

여기서 양변에 3을 곱해 주자.

$$3\times(x-5)=-4\times3$$
$$3(x-5)=-12 \quad \cdots ③$$

이제 양변을 4로 나눠 주자.

$$3(x-5)\div4=-12\div4$$
$$\frac{3(x-5)}{4}=-3 \quad \cdots ④$$

양변에서 1을 빼주고.

$$\frac{3(x-5)}{4}-1=-3-1$$
$$\frac{3(x-5)}{4}-1=-4 \quad \cdots ⑤$$

$x=1$이 여러 과정을 통해 변하는 과정을 같이 봤어. 처음의 모습은 잘 보이지 않고 변해 버린 모습만 보이는 것 같아. 하지만 식들에

$x=1$을 대입해 보면 답이 되는 걸 발견할 수 있어. 예를 들어 ②번 식을 보자.

$$x-5=-4$$

여기에 $x=1$을 대입해 보면 $1-5=-4$가 되어 등식이 성립하지.

이번에는 ③번 식을 보자.

$$3(x-5)=-12$$

$x=1$을 대입하면 $3(1-5)=3\times(-4)=-12$가 되어 여기서도 등식이 성립하지. 겉모습은 달라도 $x=1$이라는 본 모습은 변하지 않는 거야.

우리의 본질적인 모습을 '성격character'이라고 해. 성격은 잘 변하지 않지. 하지만 처한 현실에 따라 성격을 감추고 새로운 모습을 갖는데. 이것을 '페르소나persona'라고 한대. 페르소나는 그리스 어원으로 '가면'을 나타내는 말인데, '외적 인격' 또는 '가면을 쓴 인격'을 뜻해.

$$x=1\text{인 나 자신이}$$

$$x-5=-4\text{로 변하고}$$

$$3(x-5)=-12\text{로 바뀌고}$$

$$\frac{3(x-5)}{4}=-3 \text{ 으로 망가지고}$$

$$\frac{3(x-5)}{4}-1=-4 \text{라고 보이더라도}$$

이 모든 식에 $x=1$이라는 값을 넣으면 답을 찾을 수 있어.

진정한 너 자신은 변하지 않아. 진짜 자기 자신을 발견하려는 너의 도전을 응원할게!

항등식과 미정계수

| 친구를 살리는 한마디 |

말 한마디는 죽어가는 영혼도 살릴 수 있습니다.
평소에 그처럼 귀한 말을 하는 여러분이 되기를 축복합니다.

말 한마디의 위력이 굉장하단 거 알지? 특히 마음이 어렵고 복잡
할 때, 한마디 말이 모든 걸 해결해 줄 수 있어. 너도 그런 경험 있지?
시험 못봐서 힘들 때, 친구와 관계가 어려워졌을 때, 위로와 힘이 되
었던 말들. 아마도 경험이 있을 거야.

아나운서로 일했고 지금은 작가로 활동하고 있는 손미나 씨 이
야기를 해볼게. 그녀가 회사를 그만두고 여행할 때였어. 여행을 하면
서 찍은 사진들이 있었대. 그것을 노트북에 담고 다녔는데 그 기록
들을 몽땅 도둑 맞은 거야. 그 사진들로 여러 일들을 하려고 했는데
말이지. 그녀는 그 상실감을 이기지 못하고 결국 앓아 누웠어. 그런
데 그녀의 친한 친구가 이 이야기를 듣고 한참을 생각하더니 이렇게
말했대.

"미나. 넌 잃어버린 게 아무것도 없어. 넌 여전히 열정적이고, 건강하잖아. 지금부터 다시 하면 돼."

이 말 한마디에 며칠을 앓던 그녀가 다시 일어났고 새 일을 시작할 수 있었대. 한마디 말의 힘을 다시 한번 깨달을 수 있는 좋은 경우야.

> Q. $f(x)$는 x의 다항식이고,
> $x^6+ax^3+b=(x-1)(x+1)f(x)+x+3$이
> x에 관한 항등식일 때, a와 b의 값을 구하라.[4]

내 앞에 문제가 생겼어. $x^6 + ax^3 + b = (x-1)(x+1)f(x) + x + 3$이라는 식이 보이는데, 어디서부터 손을 대야 할지 좀체 모르겠어. x도 마음에 걸리고, $f(x)$도 마음에 걸리고, a와 b의 값을 구해야 하는데 식이 복잡해 보이고 막막하지.

만약 네 앞에 하염없이 울고 있는 친구가 있다고 해보자. 처음에는 자신의 처지를 이야기하더니, 급기야 모든 걸 포기하겠다며 힘들어하는 친구가 있어. 어떻게 해야 할까? 어떤 말을 해야 할지 모르겠지.

이때 중요한 건 사실 간단해. 그 친구와 함께 있어 주는 거야. 그 친구의 이야기를 들어 주면서, "힘들었겠다", "그랬구나" 하면서 계속 공감해 주는 거야. 그렇게 이야기 들어주는 것만으로 큰 힘이 되

---

4 《수학의 정석》(홍성대 저) 유제 2번.

거든. 그러고 난 뒤 하고 싶은 이야기를 해줘봐. "넌 잘할 수 있어", "지금까지 잘해 왔잖아"라고. 이 말은 아마도 누구나 듣고 싶어하는 말일 테니.

앞의 문제로 가보자. $f(x)$가 없어지게 할 수 있는 x값은 1과 -1이지. x에 1을 넣어 보자.

$$1^6 + a1^3 + b = (1-1)(1+1)f(1) + 1 + 3$$

$(1-1)(1+1)f(1)$이 $(0) \times (2) \times f(1)$이니까 결국 0이지. 즉,

$$1 + a + b = 4$$
$$a + b = 3 \ \cdots ①$$

이번에는 x에 -1을 넣어 보자.

$$(-1)^6 + a(-1)^3 + b = (-1-1)(-1+1)f(-1) - 1 + 3$$

$(-1-1)(-1+1)f(-1)$이 $(-2) \times (0) \times f(-1)$이니까 0이거든. 즉,

$$1 - a + b = 2$$
$$-a + b = 1 \ \cdots ②$$

①번과 ②번 식을 연립방정식으로 풀면

$$a = 1, \ b = 2$$

처음에는 복잡해 보였지만, x의 자리에 적절한 값을 넣어 보니 우리가 아는 연립방정식으로 문제를 해결할 수 있었잖아? 마치 한 마디 말로 복잡한 마음을 정리해 주듯 말야. 이것이 바로 말의 힘이

고 말의 위력이야.

쌤도 전에 어떤 회사에 원서를 넣을 기회가 있었어. 난 그곳이 너무 마음에 들었던 터라, 다음 날부터 당장 일하겠다고 했어. 그런데 집에 돌아오니 덜컥 겁이 나기 시작했어. 좀더 신중하게 임했어야 하는데 너무 서둘렀나 싶기도 했고. 가족들과 상의도 안했거든. 그러면서 경솔한 행동으로 인해 죄책감이 들었지. 다음 날 그 회사의 사장님에게 문자를 보냈어. '죄송합니다. 사정상 일할 수 없게 되었습니다'라고. 그런데 그 사장님의 답변이 내 마음을 한없이 가볍게 해주었어.

'네, 괜찮습니다. 선생님의 선택을 진심으로 축하합니다.'

그때 쌤이 느꼈던 감격은 감사함이고 고마움이었어. 한마디 말이 내 모든 걱정과 염려 그리고 후회의 나쁜 감정들을 시원하게 씻겨 주었어.

우리가 신중하게 전한 한마디 긍정의 말은 누군가에게 힘이 되고, 위로가 되고, 복잡한 상황을 정리해 준다.

공통부분의 치환

| 이 무거운 걸 혼자서 짊어졌구나 |

누구든지 인생의 짐을 혼자 감당해 낼 수 없습니다.
무거운 짐을 나누어 지면서, 주어진 일에 최선을 다해 나가는
여러분이 되기를 소망합니다.

네 또래의 한 아이가 있었어. 선생님들 사이에서 성실하고 착하다고 소문났고, 공부도 잘했어. 그런데 아이의 얼굴은 왠지 모르게 어두웠어. 쌤이 아이 어머니와 우연히 전화할 기회가 있었어. 어머니 말씀으로는 아이가 초등학교 때는 반장도 하고 무척 적극적이었는데 전학 오면서부터 기가 죽었다고 걱정하시더라. 아빠가 몸이 아프셔서 엄마가 식당 일을 하며 생계를 책임진다고 하셨어.

수업이 다 끝나고 쌤은 그 아이와 이야기했어. 아이는 '나를 왜 부르셨을까' 하며 좀 걱정하는 눈치였어. 처음에는 자기 이야기를 잘 안 했어. 시간이 지나면서 조금씩 말을 하더라고. 쌤이 물었어.

"넌 꿈이 뭐니?"

그런데 갑자기 그 아이가 울먹거리는 거야. 난 좀 당황했지만 기

다려 주었지. 한참 기다리자 아이가 고개를 떨구며 이야기했어.

"저는 의사가 되고 싶어요. 저 때문에 부모님이 더 고생하셔야 해요."

'착한 아이 증후군'이라는 것이 있어. 자기 욕구를 상대방 욕구에 종속시키는 거야. 갈등 상황을 좋아하지 않고, 그 상황을 피하기 위해 자기 주장이나 원하는 걸 하지 않으려 하지. 자기 자신을 그리 소중하게 생각하지 않기도 해. 다음과 같은 특징이 있어.

- 부모님을 불편하게 하지 않는다. 부모님을 기쁘게 해야 한다. 그래서 부모님 앞에서 불평이나 원망을 늘어놓지 않는다.
- 자신의 개인적인 필요를 채우지 않는다.
- 늘 자신을 희생하며 양보한다.
- 가르치지 않아도 어떻게 모든 것을 완벽하게 하는지 알아야 한다고 생각한다.
- 자신의 주체적인 생각을 갖지 않는다.
- 행복한 시간 외에는 어떤 것도 기억하려 하지 않는다. 그러나 그 마음에는 외로움과 좌절이 있다.

우리는 알게 모르게 착한 아이가 되기를 강요받고 있는지도 몰라. 다른 이에게 피해를 주면 나쁜 일이라 생각하는 건 물론 좋지만, 그 생각이 지나쳐 자기가 원하는 걸 나쁜 쪽으로 몰아가는 건 아닌지 생각해 볼 필요가 있어. 그리고 그 욕구를 억압하다가 비합리적으로 폭발하기도 하는 것 같아.

우리에게는 자유가 있어. 아이가 마땅히 가져야 할 다섯 가지 자유를 같이 보자.[5]

- 보고 들은 대로 믿을 자유
- 느낀 것을 표현할 자유
- 스스로 생각하고 말할 자유
- 자신이 원하는 것을 바라고 선택할 자유
- 자기 스스로 모험하며 나아갈 자유

그런데 착한 아이 증후군에 걸리면 이러한 자유를 스스로 포기하게 돼. 동시에 자유를 누리는 남들 모습을 보고서 비난하는 경향을 갖게 되지. 적절한 조절 속에서 자유를 절제하는 것이 성숙한 자세야. 지나친 배려는 자기 욕구가 불충족됨으로써 결국 자신을 불행의 늪에 빠뜨릴 수 있어.

Q. 다음 방정식의 해를 구하시오.[6]
$$(x^2+3x-3)(x^2+3x+4)=8$$

수학 문제 풀이 방법 중에 '치환'이란 것이 있는데, 특정 문자 혹은 값으로 대체해 생각하는 거야. 문제를 다시 보자.

$$(x^2+3x-3)(x^2+3x+4)=8$$

2차방정식과 2차방정식의 곱으로 된 식이야. 중학교에서 배우는 방정식은 최고차항이 2차방정식이지. 그런데 이 식의 결과는 4차방

---

5 《Foundational Ideas》(Virginia Satir 저) '아동의 5가지 자유'에서.
6 《수학의 정석》 고차방정식 편에서.

정식이 돼버리지. 우리 능력으로는 손댈 수 없고 벅찬 거야. 이럴 때 공통부분인 x^2+3x 를 y 로 놓는 것을 치환이라고 해. 그러면 식이 아래와 같이 변형되고

$$(y-3)(y+4)=8$$

2차방정식으로 바뀌지. x 가 사라지고 y 가 새로 생겼어. 그리고 인수분해를 통해 y 의 답을 구할 수 있어.

$$y^2+y-12=8$$
$$y^2+y-20=0$$
$$(y+5)(y-4)=0$$
$$\therefore y=4 \text{ 또는 } y=-5$$

이제 y 를 다시 x^2+3x 으로 바꾸어 주자. $x^2+3x=y$ 에서

$$\therefore x^2+3x=4 \text{ 또는 } x^2+3x=-5$$
$$x^2+3x=4 \text{ 에서 } x^2+3x-4=0$$
$$\therefore x=-4,\ 1$$
$$x^2+3x=-5 \text{ 에서 } x^2+3x+5=0$$
$$\therefore x=\frac{-3\pm\sqrt{11}\,i}{2} \text{ (근의 공식 이용)}$$

앞서 쌤이 언급한 아이가 고민하던 문제들은 그 아이가 해결할 수 없는 문제였어. 그럼에도 그 무거운 짐을 졌던 것이지. 돈 문제는 부모님께 맡기고, 미래의 문제들은 주어질 상황에 맡기고, 자신이 지금 할 수 있는 공부에 전념하면 오히려 문제는 단순해지고 하나씩 풀리게 될 거야. 마치 우리가 풀 수 없다고 생각한 문제가 치환이라는 방법을 통해 해결할 수 있는 문제로 바뀌듯이 말이야.

부정방정식

| 네가 싫은 건 싫은 거란다 |

당당하게 거절할 수 있는 용기를 가지세요.
거절을 통해 당신의 진심이 활짝 피어날 것입니다.

이번에는 쌤이 상담받은 이야기를 해줄게. 쌤이 상담을 받으면서 제일 먼저 들었던 생각은 '나 자신이 불쌍하다'는 그런 기분? 그동안 내 생각, 내 주장, 내 의견을 표현하지 못했던 나 자신이 참 불쌍한 거야. 실은 쌤도 나름대로의 생각이 있고 의견도 있는데, 왠지 모르게 그걸 이야기하면 안 된다고 생각했어. 그런데 상담을 통해서 '그래도 된다'는 걸 알게 되었지.

그 후 처음에 쌤이 의견을 내는 방식은 '거절'이었어. 나의 거절 때문에 제일 당황한 사람들은 가족이었고. 평소 같으면 그들의 부탁에 "그렇게 해", "그래, 내가 해줄게"라는 대답을 했는데, 내 입에서 나오는 첫마디가 "안 돼", "하지마", "싫어"였거든. 하루는 아내가 집 안일로 힘든 상황에서 "빨래 좀 널어 줘"라고 부탁했는데 내가 "싫

어. 당신이 해"라고 답했어. 아내가 속상해 눈물 흘리는 모습을 보고
서 나도 무척 당황했었어.

상대방의 요청이나 부탁을 거절하면서 처음에 느낀 감정은 시원
함이었어. '내가 존재감이 있구나', '거절해도 되는구나' 싶었어. 쌤은
점점 그렇게 나쁜 남자가 되어 갔지. 그러면서 점점 마음속에서 강한
욕구들이 올라오게 되었어. 내가 싫어하는 걸 거절하면서 내가 하고
싶은 걸 발견하는 것 같았어.

대신, 인간관계가 불편해지기 시작했어. 평소에는 집안일을 별
불평 없이 잘 하던 착한 남편이었는데, 어느 날부터 거절을 연발하니
가족들이 나를 꺼리는 거야. 점점 나를 불편해하는 것이 보였어.

거절에는 두 가지 종류의 거절이 있다고 해. 하나는 소극적 거절
이고, 다른 하나는 적극적 거절이야. 소극적 거절은 다른 사람의 부
탁에 소리내어 거절하지 않고 행동으로 거절하는 거야. 앞에서는
"네" 하고 대답하지만, 뒤에서는 거절한 것과 같은 행동을 하는 거
지. 아마도 소극적 거절을 하는 이유는, 그 앞에서는 거절하기 힘든
상황 때문일 거야. 아이의 경우 어른 앞에서 거절하기 어렵고, 선생
님 앞에서도 그렇잖아. 친한 친구 부탁도 거절하긴 어렵지. 소극적
거절은 다른 이와의 평화로운 관계를 얻게 하지만, 돌아서면 마음의
부담을 점점 커져가게 하지. 거절하지 못함으로 인해 싫어하는 일을
해내야 하니까.

반면에 적극적 거절은 소리 내어 "싫다"는 의사를 밝히는 거야.
대신, 싫은 이유를 설명하고 거절의 대안을 내놓아야 하지. 적극적
거절은 나에게 선택의 자유와 함께, 자유에 따른 책임을 가져다 주

었어. 거절의 말을 듣는 상대가 기분 나빠하고 받아들이지 못할 때도 있었어. 다툼이라는 형식으로 상대를 설득하고 내 주장을 펼 수도 있어. 그동안은 소극적 거절을 통해 안정과 편안함을 누리면서도 걱정을 가지고 있었지만, 적극적 거절을 통해서는 불안과 후회는 했지만 내 선택에 따른 자유와 책임을 누렸지.

> **Q** 다음 부정방정식의 해를 구하시오.
> $3x+y=7$ (단, x와 y는 자연수)

미지수의 수보다 방정식의 수가 적을 때, 이와 같은 방정식을 부정방정식이라고 하지. 그 해는 무수히 많아. 미지수의 개수와 문자의 개수가 같아야 하나의 해가 존재할 수 있는데, 문제를 보면 미지수가 두 개(x와 y)이지만 식은 한 개이기에 답이 정해지지 않은 방정식이야. 이런 문제는 '거절당함'을 각오하고 하나하나 해를 대입해 봐야 해.

x와 y가 자연수라고 했지? 먼저 x에 1을 대입하고 y에 1을 대입해 보자.

$$3 \times 1 + 1 \times 1 = 4 \neq 7$$

안 되네. 이번에는 x에 2를 대입하고 y에 1을 대입해 봐.

$$3 \times 2 + 1 \times 1 = 7$$

오, 맞지? 이건 답이 된다. 이번에는 x에 1을 대입하고 y에 2를 대입해 봐.

$$3 \times 1 + 1 \times 2 = 5 \neq 7$$

이번에는 x에 1, y에 4를 대입.

$$3 \times 1 + 1 \times 4 = 7$$

이것도 답이 된다. 이상을 표로 만들면 다음과 같아.

y \ x	1	2	3	4	5
1	4	7	10	13	16
2	5	8	11	14	17
3	6	9	12	15	18
4	7	10	13	16	19
5	8	11	14	17	20

이렇게 하나씩 대입하면서 답을 찾는 재미가 있지? 처음에는 잘 몰라서 거절하고, 거절당해서 어쩔 줄 모르기도 하고, '왜 거절했을까' 고민도 되지만, 조금씩 거절에 익숙해지면서 정답을 찾아가는 과정이 있는 거야. 우리 마음이 그런 것 같아. 마음의 크기가 자라면서 모양이 생겨. 그러다 보면 좋은 것이 생기고 자꾸 싫고 불편한 것들도 생기지.

싫다는 건, 이유가 있는 거야. 다시 말해, 네 마음의 모양이 있다는 뜻이야. 그렇게 계속 싫다고 하다 보면, 정말로 좋은 것을 찾을 때가 있어. 그렇게 발견한 좋은 것을 느껴 보면서, 어떤 특징이 있고, 어떤 모습이고, 어떤 상황인지 구체적으로 살펴봐. 그러면 세상을 향해 네가 정말 원하는 걸 표현할 수 있게 되는 거지. '나는 혼자 책 보는 게 좋아'라든지 '나는 사람들과 어울리는 게 좋아'라고 이야기할 수 있게 돼. 그것이 모여 너의 가치관이 되고 너의 적성이 되는 거야.

싫다고 계속 거절하는 것은 일종의 시행착오라고 할 수 있어. 부정방정식의 답을 구하는 과정처럼, 진정으로 원하는 답을 찾아가는 과정인 거야.

막막하다고 망설이지 말고, 불확실하더라도 하나하나 시행하면서 맞는 것과 맞지 않는 것을 알아가다 보면, 머지 않아 너의 재능을 찾아낼 수 있을 거야.

절대부등식

| 어떤 선택이든 얻는 것이 있어 |

어떤 선택을 했든,
그로 인해 당신은 더 나은 삶을 얻게 될 것입니다.

어떤 중년 남성이 있었어. 그에게는 우울증이 있었는데, 만사에 의욕이 없고 몸은 나날이 지쳐 갔지. 주변 사람들 권유로 심리상담을 받게 되었고, 조금씩 회복되기 시작했어. 상담사는 우울증 해결 방법으로 하루에 2시간 정도 산책을 제안했어. 하지만 그는 산책하는 것을 부담스러워했어. 그 이유는 장사를 하고 있어 가게를 비울수 없다는 거였어. 산책을 나가자니 가게가 걸리고, 가게를 지키자니 우울증은 점점 심해졌지.

사람의 불편한 감정 중에 '양가감정'이란 것이 있어. '두 가지 상호 대립되거나 모순되는 감정이 공존하는 상태'를 의미해. 즉 이러지도 저러지도 못하는 상황이 되는 거야. 너도 이런 경험 있지? 친구들

하고 약속을 잡았는데, 엄마가 가지 말라고 했을 때. 약속을 지키자
니 엄마가 걸리고, 약속을 취소하자니 친구들이 걸리고. 이도저도
못하는 상황에서 시간은 계속 흘러만 가고. 결정 못 하는 자신이 점
점 바보 같아지는 그 기분.

양가감정도 분노, 미움, 질투처럼 불쾌한 감정이야. 마음속에 원
하는 것이 있지만 그 감정을 억누르는 작용이지. 특히 완벽주의적 성
향을 가진 사람이나 착하다는 말을 듣는 사람이 자주 겪어.

> **Q.** a가 양수일 때, 다음 각 부등식을 증명하라.
>
> $$a + \frac{1}{a} \geq 2$$

a에 1을 넣어 보자. $a + \dfrac{1}{a}$의 값은 2

a에 2를 넣어 보자. $a + \dfrac{1}{a}$의 값은 $\dfrac{5}{2}$

a에 3을 넣어 보자. $a + \dfrac{1}{a}$의 값은 $\dfrac{10}{3}$

이상을 표로 만들어 보면 다음과 같아.

a	$\dfrac{1}{3}$	$\dfrac{1}{2}$	1	2	3
$a + \dfrac{1}{a}$	$\dfrac{10}{3}$	$\dfrac{5}{2}$	2	$\dfrac{5}{2}$	$\dfrac{10}{3}$

양수 a가 어떤 값을 갖든 $a + \dfrac{1}{a}$는 항상 그보다는 크거나 같아.

$$a + \frac{1}{a} \geq 2\sqrt{a \cdot \frac{1}{a}} = 2 \quad \text{(단, 등호는 } a = \frac{1}{a} \text{ 곧 } a = 1\text{일 때 성립)}$$

이런 부등식을 절대부등식이라고 해. 어떤 값을 갖더라도 항상

성립하는 부등식이야.

내가 어떤 경우를 선택하더라도 내가 책임져야 할 부분은 있어. 양가감정이 왜 생겼을까? 모든 경우를 고려하고 다 만족시키려는 마음 때문이야. 이런 욕구가 사실 얼마나 훌륭한 것이니? 만약 세상 사람들이 자기 자신만 만족시키며 산다면, 세상은 참 각박할 거야. 하지만 내가 행복하듯 남도 행복하게 해주려는 마음은 정말 고맙고 감사한 거지. 그 결과로 이러지도 저러지도 못하는 상황이 발생하지 만 말이야. 난 너의 그런 마음이 소중하다고 생각해. 양가감정은 너 의 가치관을 보여 주는 증거란다.

양가감정을 다루는 법은 첫째, 내가 내린 선택을 스스로 존중하 고 격려하는 거야. 내가 무언가를 스스로 선택하고 행동했다면, 그 렇게 선택했다는 사실만으로 나 스스로를 인정해 주는 거지. 결과가 아니라, 내가 선택했다는 것 자체를 칭찬해 주는 거야.

둘째, 내 욕구를 알고 표현한 것으로 만족하는 거야. 나에게는 내 가 원하는 걸 이야기할 권리가 있는 거야. "난 이걸 원해"라고 말할 수 있는 거야. 만약 다른 이로부터 너의 원함을 지지받기 어려운 상황이면, 그 냥 나 자신에게 이야기하면 돼. '난 저걸 갖고 싶어'라고. 그러면 나 자신이 '그랬 구나. 그랬구나' 하며 나를 지지해 주지.

마지막으로, 어떠한 선택이든 완전 할 수는 없다는 사실을 받아들이는 거

야. 또한 나 자신도 완벽한 존재가 아니라는 걸. 상대도 완벽한 존재가 아니야. 하늘 아래 완벽한 존재는 하나도 없거든. 설령 내 선택으로 인해 누군가가 손해를 볼 수 있는데, 그렇다면 그 경험을 통해 한 번 더 배우고 가치관을 바로잡아 가야 하는 거야.

네가 무엇을 선택하더라도 얻는 것이 있을 거야. 양수 a가 어떤 값을 갖더라도 $a + \dfrac{1}{a} \geq 2$ 이듯이.

함수와 그래프

일차함수

| 남의 평판에 의지하지 말자 |

자존감을 가지고 외부 변화에 자유로웠으면 합니다.
기억하세요. 자존감이 클수록 변화에 흔들리지 않는답니다.

사람마다 마음의 모양이 달라. 선천적인 면도 있고 후천적인 면
도 있기 때문에 사람의 심리를 하나로 정의 내리기는 불가능해. 그래
서 사람마다 다른 특성을 몇 가지 그룹으로 분류하는 것이 심리검
사의 특징이야.

감정은 긍정적 감정과 부정적 감정으로 나눌 수 있어. 긍정적 감
정이란 유쾌함, 안도감, 자신감 등의 느낌을, 부정적 감정이란 분노,
슬픔, 무기력 등의 느낌을 말해. 우리가 몸이 아프면 병원에 가려 하
잖아? 마찬가지로 마음이 아프면 그것으로부터 벗어나려고 하지.

부정적 감정을 느끼는 패턴들도 사람마다 달라. 어떤 사람은 다
른 사람들에게 인정받지 못했을 때, 어떤 사람은 해야 할 의무를 다
하지 못했을 때, 어떤 사람은 실수를 했을 때, 부정적 감정을 느껴.

다른 사람의 인정과 평판에 민감한 사람은 칭찬 한마디에 기분이 좋아서 들떠하지. 이런 사람은 누군가로부터 비난을 받으면 부정적 감정을 크게 느낄 거야.

며칠 전 한 아이가 체육대회에서 반 대항 시합을 하고서 계속 화나 있는 표정이었어. 왜 그랬는지 이야기를 들어 보니 그 시합에 자신이 대표선수로 출전했는데, 몇 번의 실수를 해서 그 게임에서 반전체가 지게 되었던 거야. 그 이후 계속 기분이 풀리지 않았고.

쌤이 그 친구에게 간단한 테스트를 해보니 그 친구는 남들의 평판과 인정에 민감하고, 그것에 따라 자기 존재감을 확인받으려는 성향이 무척 강하더라. 어떤 사람에게는 운동경기라는 것이 그냥 재밌는 놀이지만, 그 친구에게는 자기 존재를 인정받느냐 그렇지 못하느냐를 결정하는 과제였던 거야.

> **Q.** $y=x$, $y=2x$, $y=0.5x$에 해당하는 그래프를 그리시오.

$y=ax+b$의 형태를 일차함수라고 하지. 이때 a를 기울기, b를 y절편이라고 불러.

$y=x$, $y=2x$, $y=0.5x$ 모두 비례함수이고, 기울기는 각각 1, 2, 0.5야. $x=2$일 때 y는 각각 2, 4, 1이고. $x=-2$일 때 y는 -2, -4, -1이 되지.

x를 외부 상황, 기울기를 외부 상황에 대한 민감함이라 해보자. $y=x$, $y=2x$, $y=0.5x$ 중에서 기울기가 가장 큰 것은 $y=2x$이지. 가

장 민감한 아이야. 세 함수가 $x=2$라는 칭찬을 받았다고 하면, 각각 자신이 느끼는 감정은 2, 4, 1이라고 받아들이게 되지. 세 함수가 $x=-2$라는 비난을 들었다고 하면, 받아들이는 감정은 각각 -2, -4, -1이 될 거야. 이렇게 외부 상황에 의해 존재감이 흔들리는 정도가 다르지.

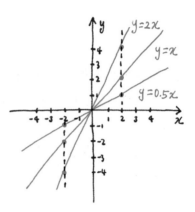

Q. $y=x+2$, $y=2x+2$, $y=0.5x+2$에 해당하는 그래프를 그리시오.

세 함수는 모두 +2라는 y 절편이 있어. $x=2$일 때는 각각 4, 6, 3이고, $x=-2$일 때는 0, -2, 1이야.

$y=x$, $y=2x$, $y=0.5x$에 x값을 넣었을 때보다 y값에 각각 2가 더해졌어.

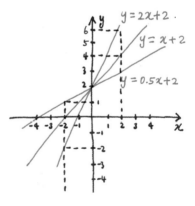

y절편인 b를 자아존중감 혹은 자존감이라고 해보자. 현재 아무런 자극이 없는 상태($x=0$)에서도 언제나 +2라는 값을 가지고 있어.

y절편이 크면 클수록 외부의 x값에 관계없이 높은 y값을 갖게 되지.

x값에 따라 높아지는 y값처럼, 내가 무언가를 해서 받는 조건적 사랑이 아니라 그저 내가 세상에 존재하고 있음에 감사함을 가지고 있는 친구들이 자존감이 높을 거야.

> Q. $y=x-2$, $y=2x-2$, $y=0.5x-2$에
> 해당하는 그래프를 그리시오.

이제는 y절편이 음수인 -2가 되었어. $x=2$일 때 y는 각각 $0, 2, -1$이고, $x=-2$일 때는 -4, -6, -3이야. $-b$를 가짐으로써 외부로부터 긍정적인 변화가 오더라도 존재감은 음수임을 알 수 있어.

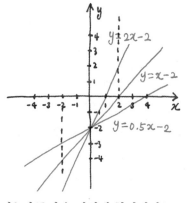

그렇다면, 자존감이란 무엇일까? 자존감은 어떻게 형성될까? 그리고 자존감은 왜 필요할까? 외부 환경은 내가 바라는 대로만 주어지지 않아. 사람들이 나를 좋아하고 칭찬하는 경우도 있지만, 나를 싫어하거나 비난하는 경우도 있어. 그런데 힘들거나 어려운 상황에 처할 때, 나 자신을 가장 비난하는 사람이 누굴까? 그건 바로 나 자신이야. 실제로 그럴 때가 많지 않니? 그럼 이렇게 생각해 볼 수도 있을 거야. 나 자신도 나를 비난하는데, 사람들이 나를 비난할 수도 있

는 거 아닌가? 혹 비난하지 않더라도, 내 기대만큼 좋아해 주지 않을 수도 있는 거야. 값은 언제나 변할 수밖에 없지.

만약 b가 양수라면 어떨까? 그것도 아주 큰 양수. 그렇다면 y라 는 존재감은 언제나 큰 양수일 거야. b값은 내가 무엇을 해야만 사랑 받는 것이 아니라, 내가 세상에 존재하는 것 자체에 대한 감사야.

만약 b값이 음수라면 어떨까? 그것도 아주 작은 음수. 그러면 아 무리 긍정적인 말을 듣는다 해도 값은 음수가 될 거야. 나에 대한 자 아상이 비뚤어지고, 나에게 잘해 주는 사람의 의도를 의심하게 되 고. 그러니까 다른 사람을 칭찬하는 일도, 친절하게 대하는 일도 어 려워지지. 사람이 다가오는 것을 두려워하기도 해.

그런데 이건 자신의 의도적인 잘못이라기보다는 어렸을 적 받은 상처 때문일 수 있고, 관계적인 문제에서 생긴 방어기제 때문일 수도 있어. 기억할 점은 어떤 경우라 하더라도 모두 회복이 가능하단 사실 이야.

우리는 사랑받기 위해 태어났어. 우리의 존재 자체는 신비함으 로 가득 차 있어. 난 너의 승부욕을 좋아해. 하지만 네가 게임에서 이 기든 지든, 너의 존재 가치는 아무런 변화가 없어.

넌 너무 소중한 존재야.

대칭함수

| 불편한 감정에 귀 기울여봐 |

불편한 감정을 통해 당신의 욕구를 발견하세요.
그 욕구를 잘 표현하는 연습을 꾸준히 해나가시길 바래요.

자신이 진정으로 원하는 걸 깨닫는 것은 삶에서 무척 중요하단
다. 그러기 위해서는 자신이 원하는 걸 정확히 찾아내는 연습이 필
요해. 배가 고프면 배가 고프다고 이야기해야 상대방이 그걸 알아채
고 너의 배고픔을 채워줄 거야. 원하는 것을 언어화해서 정의하면 그
만큼의 만족을 얻을 가능성이 높아. 그런데 배가 고픈데 배고프다고
말하지 못하고 짜증을 낸다면, 상대방은 너의 욕구를 이해할 수 없
을 뿐더러 관계마저 깨질 거야.

자신이 원하는 걸 마음껏 드러내기란 쉽지 않지. 사회 구성원으
로서 자기 욕구를 표현하고 지지받는 일이 영 불편하게 여겨지기도
할 거야. 그래서 그 욕구를 여러 가지 방법으로 처리(억압이나 합리화
등)하면서 잊어버리고 살기도 해.

$y = f(x)$의 대칭함수를 살펴보자.

(1) x축 대칭: y대신 $-y$를 넣는다.

(2) y축 대칭: x대신 $-x$를 넣는다.

(3) 원점 대칭: x대신 $-x$, y대신 $-y$를 넣는다.

이번에는 주기함수, 선대칭함수, 점대칭함수를 알아보자.

(1) 주기함수: $f(x) = f(x+a)$는 주기가 a이다.

(2) 선대칭함수: $f(a-x) = f(a+x)$는 직선 $x=a$에 대하여 대칭
이다.

(3) 점대칭함수: $f(a-x) = -f(a+x)$는 점 $(a, 0)$에 대하여 대칭
이다.

선대칭

점대칭

'우함수'는 y축에 대칭인 함수야. 선대칭이라고도 해. 가운데 선
을 중심으로 양쪽 모양이 서로 같아. 마치 거울에 비친 모습 같아.
'기함수'라고도 하는 점대칭은 점에 대해 대칭인 함수야. 점을 기준
으로 (마치 점에 핀을 꽂고) $180°$돌려 보면 서로 겹치는 모양이 나오

거든.

자신의 욕구를 찾는 방법 중에 나의 나쁜 감정을 통해 내가 원하는 것을 발견하기도 해. 나의 나쁜 감정 뒤에 나의 욕구가 숨어 있을 수 있거든. 분노라는 감정은 내가 소중하다고 생각하는 것을 지키려는 신호야. 그렇다면 내가 분노할 때 내가 지키고 싶어하는 것이 무엇인지 알 수 있지. 슬픔이란 소중한 것을 잃어버렸다는 신호야. 그렇다면 슬픔이 밀려올 때 내가 소중하게 생각하는 것이 무엇인지 발견할 수 있어. 또 좌절감을 통해서는 내가 이루려는 것이 무엇인지 발견할 수 있지.

이건 마치 쓰레기에서 진주를 캐내는 것과 같아. 만약 어떤 친구가 미워지면, 그 아이를 떠올리며 미운 이유를 종이에 써봐. 그러면 네가 갖고 싶은 것, 되고 싶은 것, 원하는 것을 그 아이가 누리고 있을 가능성이 있어. 동시에 네가 바라는 것이 무엇인지 알 수 있지.

둘째, 자기가 자주 듣는 지적을 써보는 거야. "너무 게으르다"라든지, "정리를 잘하지 못해"라든지, "인정머리가 없다"든지. 자기 자신은 잘 모르는 영역인데 상대방이 그걸 찾아낼 수 있거든.

셋째, 내가 짜증이 날 때 혹은 화가 날 때의 상황을 적어 보는 거야. 아침에 학교 가기 전이라든지, 시간에 쫓기면서 공부를 해야 하는 상황이라든지. 짜증이란 달리 보면, 좌절감의 표현이야. 등교하는 것이 싫어 짜증이 날 때는 왜 등교하기 싫은지 알아봐야 해. 만약 선생님 때문이라면, 너는 선생님으로부터 사랑과 인정을 받고 싶은 거야. 만약 공부 때문이라면, 너는 공부를 잘하고 싶은 마음이 있는 거야.

나쁜 감정이 클수록 욕구의 크기가 그만큼 큰 거야. 점대칭, 선대칭함수와 같이 나쁜 감정을 대칭이동시키면, 자기 욕구의 크기와 종류를 알 수 있어.

합성함수

| 스스로 나의 미래를 불러 주자 |

나의 미래를 그려 봅시다. 불러 봅시다.
그 순간 우리는 한 걸음 앞으로 나아갈 거예요.

컵에 밥을 넣고 '사랑해'라는 글자를 붙이고, 다른 컵에 똑같은 밥을 넣고 '미워해'라는 말을 붙여 보았어. 분명히 같은 밥인데 '사랑해'를 붙인 컵에는 밥에 하얀곰팡이가 피고, '미워해'를 붙인 컵에는 푸른곰팡이가 피었지. 이 결과는 인터넷에서 쉽게 찾아볼 수 있어. 성경에도 하나님이 천지를 창조하실 때 말씀으로 창조하셨다고 나와 And God said, "Let there be light". 그만큼 언어라는 것에는 힘이 있지.

취업 준비생 두 사람이 모였어. 사람들은 그들을 백수라고 불렀어. 그들은 햄버거를 먹으면서 함께 회사를 차리자고 뜻을 모았어. 나이가 많은 사람이 대표를 하고, 다른 사람이 부장을 했어. 사실 그들은 속으로 웃었어. '우리가 백수 주제에 무슨 대표냐. 회사 사무실이 있는 것도 아닌데'. 그래도 그냥 대표님, 부장님이라고 부르니까 기분이 좋아서 서로 그렇게 불러주기로 했어. 회사 이름도 정했어. 형이 아이들을 멘토링하는 회사라는 의미로 'Elder Brother Mentor', 약어로 EBM이었어. 이메일상의 꼬리말도 'EBM 대표 ○○○'라고 수정했어. 이런 명칭이 처음에는 어색했지만 어느새 차츰 익숙해졌지.

그 후 인터넷 서핑을 하다가 사회적 기업가 포럼 있음을 알게 되었고, 신청자란에 'EBM 대표'라고 적은 뒤 포럼에 참석했어. 원탁에서 회의를 하는데, 진행자가 그 사람에게 "EBM에서 오신 ○○○ 대표님이시지요?"라고 불러주는 거야. 아무도 안 들어주는 것 같았는데, 그가 말한 대로 이루어진 거지.

> **Q.** $f:x \rightarrow x$는 그림과 같고 $f^2=f\circ f$, $f^3=f\circ f\circ f$ 라 정의할 때, $f^{102}(0)$을 구하라.

합성함수란 것이 있는데, 아래 함수를 같이 보자.

$$f(0) = -1$$
$$f(f(0)) = f(-1) = 1 \text{이지.}$$
$$f(f(f(0))) = f(f(-1)) = f(1) = 0 \text{이고.}$$
즉, $f \circ f \circ f(0) = f^3(0) = 0$이 되지.
$$f^6(0) = f^3 \circ f^3(0) = f^3(0) = 0$$
$$f^{102}(0) = f^{99} \circ f^3(0) = f^{99}(0) = \ldots = f^3(0) = 0 \text{이야.}$$

이것을 그림으로 그려 보면

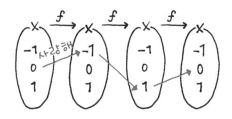

처음 시작할 때 0이 긍정의 언어를 −1에게 외쳤어. 그것을 받은 −1은 1에게 긍정의 언어를 외쳤고. 긍정의 말을 받은 1은 0에게 긍정의 말을 외쳐 주었어. 결국 0은 자신이 한 긍정의 말을 다시 받게 된 거야.

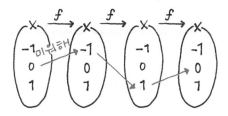

이번에는 0이 아무 생각 없이 −1에게 부정의 말을 내뱉었다고 해 보자. −1은 1에게 똑같이 부정의 말을 전했어. 그것을 들은 1은 0에게도 부정의 말을 외쳤어. 0이 장난삼아 한 나쁜 말이 돌고 돌아서 결국 0 자신에게 온 거야.

말로 받은 상처가 생각지도 못하게 삶에 커다란 영향을 미치는 경우를 많이 보게 돼. 어떤 아이는 누군가로부터 "네 목소리 정말 듣기 싫다"라는 말 한마디를 듣고서 자기 목소리에 대한 콤플렉스를 갖기 시작했어. 그 아이가 제일 힘들어했던 건 학기 초에 가졌던 '자기 소개'였어. 모르는 아이들에게 자기 목소리를 들려줘야 했기 때문이지.

누군가 걷다가 넘어진 모습을 보고 그걸 실패라고 부르면 실패가 되고, 걷기 위한 과정이라 부르면 과정이 돼. 자기 자신을 백수라고 생각하면 백수가 되고, '규칙적인 수입은 없고 시간은 많은 사람'이라고 부르면, 규칙적인 수입이 없을 때 살아가는 법과 시간 활용법을 연습할 수 있게 되듯이.

만들기를 잘하는 한 아이가 있었어. 하루는 내가 아크릴판을 사서 무언가를 만들어야 했는데, 문득 그 아이가 생각나 부탁했어. 그 아이가 잠시 아크릴판과 스티커를 골똘히 쳐다보더니, 자기 자리에서 칼을 가져와서는 뚝딱뚝딱 하더니 훌륭한 결과물을 만들어 주었어. 나는 연신 감탄하며 아이의 머리를 쓰다듬어 주었지. "넌 정말 만들기의 천재야"라고 불러 주었어. 그 후 그 아이는 자신의 특기를 '만들기'라고 이야기하게 되었지.

너의 지금? 과거에 너가 너 자신에게 불러 주었던 모습이야.
너의 미래? 지금 너가 너 자신에게 불러 주는 모습일 거야.
마치 합성함수처럼.

역함수

| 행동을 보고 마음을 이해하자 |

행동을 보면 마음을 볼 수 있습니다.
마음을 읽어 주고 그 배경을 이해하는 것이
변화의 시작임을 잊지 마세요.

　자기 의사를 표현하는 것은 참 중요한 일이야. 먼저 원하는 것이 무엇인지 알아야 하고, 그것을 정확한 단어와 표현으로 전달해야 하며, 주변으로부터 그것을 지지받고 공감받는 경험을 해야 해. 그런데 자신이 원하는 것이 무엇인지 알아가는 과정은 연습과 훈련이 필요하지.

　보통 자신이 원하는 걸 말로 이야기하지만, 어떤 아이는 그걸 몸으로 표현하기도 해. 쌤도 말보다는 몸으로 표현하는 것에 익숙했었어. 그 이유는, 원하는 것을 표현하고서 상대로부터 거절당할 것에 대한 두려움이 컸기 때문이었던 것 같아. 내가 말로 표현했는데 상대로부터 거절받으면, 괜히 이야기했다고 생각했거든. 그리고 내가 말한 것에 대해 약속을 지켜야 하는 책임감도 있었어. 그래서 가능한

한 말을 적게 하려 했던 것 같아.

말하지 않더라도 내 의사가 태도나 행동으로 드러나는 경우가 있었어. 특히 내가 할 수 없는 일을 맞닥뜨리면 어찌할 바를 몰랐어. 일을 나누어 한다든가, 내가 할 수 없으니 다른 사람에게 맡긴다든가, 기일을 좀 뒤로 미루어 할 수 있도록 한다든가 등 여러 방법이 있는데, 이미 할 수 없다고 생각하고 하루종일 잠만 자기도 했고, 그 일을 하지 않도록 온갖 다른 일(굳이 하지 않아도 되는 일)을 만들어 일부러 상황을 바쁘게 만들었어. 그 일에 최선을 다했는데도 잘못된 결과가 발생하면, 마지막 남은 자존감까지 무너지게 될 테니까. 어차피 내가 만족할 만한 결과를 얻을 수 없으리라 생각하고는, 내일이 시험인데도 공부는 안 하고 인터넷만 뒤적거린 것도 비슷한 이유에서야.

그런데 상담을 공부하면서 내 감정을 알아차리고 그 감정을 이해받으면서, 내가 나 스스로에게 정직해졌고, 진심을 알아차리기 시작했어. 큰 일을 앞두고 괜히 잠을 자고 싶은 생각이 들면, 나 스스로에게 '지금 너 힘들어하는구나'라고 이야기해 주었어. 어떤 일을 하면서 불안해하면 '지금 너 사람들에게 인정받고 싶어 하는구나'라고 이야기해 주었고, 나도 모르게 초조해지면 '지금 너 두려워하고 있구나'라고 이야기해 주었지.

그러고 나니 '그런 힘든 가운데에서도 한번 해볼까?', '사람에게 말고 하나님께 인정받아 보자'라고 말할 수 있게 되면서 마음의 짐에서 조금씩 벗어날 수 있었어.

역함수란 쉽게 말해, x와 y를 바꾸는 거야. 우리가 마음에 따라 행동을 하잖아? 그래서 행동을 보면 마음의 상태를 알 수 있지. 또한 마음에 따라 행동이 바뀌기도 하고, 행동에 따라 마음이 바뀌기도 하지.

$y = x^2 \, (x \geq 0)$의 역함수를 구하기 위해 x 대신 y를, y 대신 x를 넣는 거야. 그렇다면 위의 식은 이렇게 변해.

$$x = y^2 \, (y \geq 0)$$

그리고 이 식을 '$y=$'과 같은 모양으로 만들어 보자.

$y^2 = x$의 양변에 루트를 씌우면 $y \geq 0$이니까

$$y = \sqrt{x} \, (x \geq 0) \text{ 가 되지.}$$

마음이 불안하면 핸드폰을 하는 아이가 있어. 핸드폰으로 게임도 하고, 페이스북도 하고, 트위터도 하지. 관심 있는 글을 보게 되고, 잠시 불안함을 잊기도 해. 그렇다면 $f \, (불안) =$ 핸드폰 이라 할 수 있을 거야.

그 아이가 쌤한테 그러더라. 핸드폰을 하면 잠깐은 좋은데 더 불안해진다고. 트위터에서 자신이 좋아하는 가수에 대해 비난하는 글을 보면 견딜 수 없대. 그래서 비난하는 사람을 혼내 주고 벌 주고 싶은 마음이 들고. 자신이 좋아하는 가수가 악플 받는 것이 불쌍하고. 그렇게 시간을 보내고 나면 더 불안하다는 거야. 즉 f^{-1}(핸드폰) = 불안이라고 할 수 있겠지.

그렇다면 핸드폰 사용을 줄이는 한 가지 방법으로 근본적인 마음인 '불안'을 다뤄 보는 거야. 내 마음이 왜 불안을 느끼는지. 그 원인을 찾아보고, 불안하다는 감정을 누군가와 나누기도 하면서 불안을 해결해 보도록 하는 거지. 이러한 경험을 통해 무의식적인 행동의 교정이 가능하게 돼.

행동을 통해 마음을 이해하는 것. 그것이 나 자신을 이해하는 첫걸음이 될 거야. 그리고 상대를 이해하는 좋은 밑거름도 될 거야.

부등식의 영역

| 나의 영역은 어디일까? |

나의 영역이란 내가 경험할 수 있고,
내가 표현할 수 있으며, 내가 지켜 주어야 하는 영역입니다.

이제는 '멘붕'이라는 말이 흔해진 거 같아. 어떤 상황으로 인해 멘탈(정신)이 붕괴되었다는 표현인데, 누가 말을 만들었는지 참 잘 만들었다고 생각해. 우리도 종종 멘붕 현상을 겪게 되지. 내 기대만큼 되지 않았을 때, 믿었던 친구가 나를 뒷담화한다는 사실을 알았을 때, 시험에서 떨어졌을 때 등. 심리적 충격이 육체적 충격만큼 큰 일이라는 걸 많은 사람들도 잘 알고 있지.

자신이 독화살을 맞았다고 생각해 보자. 가장 먼저 해야 할 일이 뭘까? 누가 독화살을 쐈는지, 내가 어쩌다가 맞게 되었는지 생각할 수 있지. 하지만 가장 먼저 해야 할 일은 어서 독화살을 뽑아내고 소독해서, 내 몸에 더 이상 독이 퍼지지 않게 하는 걸 거야.

우리 마음에는 해야 할 일과 그렇지 않은 일에 대한 기준이란 게 있어. 그것을 정확히 알고 있다면 참 좋겠지? 외부의 자극이나 사건을 받아들일 때, 내 안에 확실한 기준이 있다면 고민하느라 힘들지 않아도 될 거야.

수직선에서 내 기준을 3이라고 해보자. 그리고 내가 책임질 영역은 3보다 큰 쪽이라고 해보자. 즉 $x > 3$이 나의 영역이야. 그렇다면

1) 4는 나의 영역일까?

2) 2는 나의 영역일까?

1)번의 경우 $4 > 3$이 성립되므로 4는 나의 영역이야.

2)번의 경우 $2 > 3$이 성립되지 않으니 2는 나의 영역이 아니야.

이제 x, y라는 두 수가 있다고 해보자. 그리고 내 마음의 기준은 $x+y=3$이라 하고, 내 영역은 $x+y > 3$[7]이라 해보자.

1) $x=1, y=1$은 나의 영역일까?

2) $x=2, y=2$은 나의 영역일까?

1)번의 경우 $x+y > 3$에 $x=1, y=1$을 넣어봐. 그러면 $1+1 > 3$이 성립하지 않지? 따라서 $x=1, y=1$은 내 영역이 아니야.

2)번의 경우 $x=2, y=2$를 넣어봐. 그러면 $2+2 > 3$이 성립하므로, $x=2, y=2$는 나의 영역이 맞지.

> **Q.** 다음 부등식의 영역을 좌표평면 위에 나타내어라.
>
> $$y \geqq 2x-4$$

---

7 이는 부등식의 영역 단원에서 배우며, 좌표평면의 영역으로 표시할 수 있다.

주어진 부등식의 영역은 직선의 윗부분(경계선 포함)이므로, 그림에서 점들이 찍힌 부분과 같아.

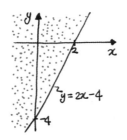

이제는 x, y, z라는 세 수가 있어. 내 마음의 기준은 $x+y+z=3$이고, 나의 영역은 $x+y+z>3$이라고 해보자.

      1) $x=1, y=1, z=0$은 나의 영역일까?

      2) $x=2, y=2, z=2$는 나의 영역일까?

1)번의 경우 $x+y+z>3$[8]에 $x=1, y=1, z=0$을 넣어 보자. 그러면 $1+1+0>3$이 성립되지 않으니 $x=1, y=1, z=0$은 나의 영역이 아니지.

2)번의 경우 $x=2, y=2, z=2$를 넣어 보면 $2+2+2>3$은 성립하므로 나의 영역이 맞지.

우리들 삶이라는 영역에도 나의 영역이 있고 나의 영역이 아닌 것이 있어. 개인마다 다르지만, 한번 알아보도록 하자. 나의 영역이라는 의미는 내가 그것의 주인이 되는 것이고, 주인이 된다는 것은 내가 보호하고, 관리하고, 통제하고, 책임진다는 것을 뜻해.

---

8   기하와 벡터에서는 평면의 방정식으로 배우게 되고, 3차원 이상의 부등식 영역은 고등학교 교과과정에서 제외한다.

어느 부자가 있었어. 그 부자는 넓은 땅을 소유했지. 친구를 불러 자랑을 했어.

"이 땅이 모두 내 거야."

그러자 친구가 물었어.

"정말 그렇다면, 이 땅을 아예 없어지게 할 수도 있고 지구 반대 방향으로 옮길 수도 있나?"

그 부자는 잠시 생각하더니 그럴 수 없다고 했어. 그러자 그 친구가 말했어.

"그렇다면 이 땅은 자네 것이 아니라, 자네가 잠시 맡고 있는 것이라네."

내 영역은 내가 책임을 져야 하는 부분이야. 내 몸은 나의 영역이지. 몸이 아프면 쉬어 주어야 하고, 배가 고프면 밥을 먹어 주어야 해. 그리고 내 몸에 나쁜 것이 들어오면 그것으로부터 지켜 주어야 해. 누군가가 내 몸을 다치게 한다면 그것으로부터 안전하게 보호해 줄 의무가 있는 거야.

그렇다면 내 감정은 어떨까? 내 감정 역시 나의 영역이야. 내가 나의 감정을 느끼고, 조절하고, 관리해 주어야 하지. 그런데 나의 감정을 누군가에게 의지하는 경우가 있어. 남이 나를 행복하게 해준다고, 돈이 나를 행복하게 해준다고, 다른 사람의 칭찬이 나를 행복하게 한다고 생각하면서 말야. 나의 행복은 나의 영역이야. 내가 할 수 있는 것에서 행복을 느낀다면 나의 행복은 나의 것이 될 수 있어. 그리고 그 행복을 다른 사람이나 주변에 전할 수도 있을 거야.

만약 누군가의 도움이 필요하다면, 당연히 도움을 요청하고 도움을 받아야 해. 감사히 받아야지. 하지만 나의 영역을 누군가의 도움에만 의지한다면, 그 영역은 나의 영역이 아니라 그 사람의 영역이지. 쌤은 종종 이렇게 기도한단다.

> 하나님. 제 마음에 평화를 주시어
> 제가 바꿀 수 없는 일은 받아들이게 하시고,
> 제가 바꿀 수 있는 일은 바꾸게 하소서.
> 지혜를 주시어
> 바꿀 수 있는 일과 바꿀 수 없는 일을 구별하게 하소서.

나의 영역과 다른 사람의 영역을 구분하는 지혜, 내 영역은 내가 책임지는 책임감, 그렇지 않은 부분은 맡기고 도움을 청할 수 있는 용기. 우리에게 지금 필요한 것 같아.

도형의 이동

| 어느 자리에서나 나만의 모습으로 존재하기 |

어느 자리에서든 변치 않는
나만의 아름다움이 있음을 잊지 마세요.

우리는 간혹 '이곳에 왜 내가 있어야 할까' 하는 생각을 하지. 내가 내 가족을 왜 만났을까? 내가 이 학교에 왜 있을까? 내가 왜 살아야 할까? 이렇듯 자신이 처한 환경에 100% 만족하는 사람은 많지 않은 것 같아.

> $y=x^2$의 그래프를 x축으로 +3만큼,
> y축으로 +2만큼 평행이동한 방정식을 구하시오.

$y=x^2$의 그래프는 그림과 같이 원점을 꼭지점으로 하며 아래로 볼록인 그래프야.

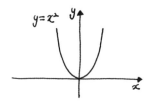

이때는 x 대신 $x-3$ (x축으로 +3), y 대신 $y-2$ (y축으로 +2)를 대입하면 돼. 즉,

$$y-2 = (x-3)^2$$

$$\therefore \quad y = (x-3)^2 + 2$$

이 함수는 꼭지점이 (3, 2)인 이차함수가 되지.

도형의 이동을 보면, 위치는 변하지만 모양과 크기는 바뀌지 않지.

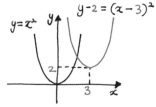

아주 바쁜 사람이 있었어. 그런데 그가 '나 자신'이라는 이름의 꽃 앞에 이르러 이렇게 말했대.

"넌 여기서 뭐하고 있니? 좀 바쁘게 살 순 없니?"

꽃이 말했어.

"전 그저 이곳에 아름답기 위해 존재한답니다."

내가 서울에 살든 부산에 살든 어디에 있든, 나 자신이라는 존재는 변하지 않아. 나 자신이라는 꽃은. 어디에서든지 변치 않는 아름다운 향기를 내는 존재가 되었으면 해.

쌤이 친구 한 명 소개시켜 줄게. 그는 약골이야. 어디에 부딪치기
만 해도 뼈가 잘 으스러지지. 턱도 약해서 남들처럼 음식을 씹어 먹
지 못하고 그냥 삼킬 수밖에 없어. 그뿐만 아니라 머리가 가벼워 '머
리 나쁘다'는 표현을 할 때면 사람들이 이 친구 같다고 해. 심지어 대
소변도 한곳에서 가리지 못하는 그런 친구야.

이 친구의 이름은 바로 '새'란다.

그는 날아야 해. 그래서 무거우면 안 돼. 무겁다는 건 날 수 없음
을 의미해. 뼈는 가벼워야 하고, 가늘어야 하고, 약해야 해. 강한 것
은 오히려 죽음을 의미해. 배설물을 몸에 오래 지녀서도 안 돼. 오로
지 날기 위해. 깃털도 가벼우면서도 비를 막고 체온을 유지하는 목
적으로 만들어졌지.

너의 사명은 뭐니? 무슨 이유로 이 땅에 존재하고 있는지 생각해
볼래? 혹시 약골이라서, 머리가 나쁘다며 자책하거나 좌절하고 있
는 건 아니니? 하지만 잘 생각해 봐. 지금의 너의 모습은 너만을 위한
목적을 위해 존재한다는 사실을.

나의 존재 이유를 찾아보자. 그 목적을 알게 되면, 내가 가진 것
혹은 가지지 못한 것 모두가 의미를 갖게 될 거야.

2

도형과 벡터

정의와 정리

| 너의 존재를 세상에 증명하려고 애쓰지 마 |

당신은 이미 천하보다 귀한 존재입니다.
자신의 가치를 세상에 증명하고자
아까운 시간과 수고를 낭비하지 마세요.

쌤은 둘째로 태어났고 형이 있어. 그런데 사람들이 아빠를 부를 때 형의 이름을 붙인 '○○아빠', 엄마는 '○○엄마'라고 불렀어. 그리고 형은 돌 사진이 있지만, 내 돌 사진은 없었어. 사실 이렇게 적어놓고 보면 별거 아닌데 어릴 때는 이런 것들이 너무 서운한 거야. 그리고 나는 '존재감이 없다'라고 생각하게 되었지. 그런 생각이 들 때마다 쌤은 나의 존재감을 알려야 했어.

내가 했던 방법은 바로 인사였어. 동네 아저씨와 아줌마에게 인사를 정말 열심히 했어. 그리고 형이 잘 못했던 공부를 열심히 했어. 그 덕분에 쌤은 좋은 성적을 받을 수 있었지. 그때 쌤은 나의 존재를 증명해 보여 무척 기뻤던 기억이 있어.

하지만, 살면서 나를 증명하지 않으면 안 된다는 강박관념을 갖게 되었지. 이왕 하는 거면 남들보다 열심히 해야 했고, 나의 존재가 드러나지 않는 일은 철저히 무시했어. 또한 쌤을 좋아한다는 사람이 생기면 나를 좋아하는 것이 아니라 내가 이루어 놓은 일을 좋아하는 거란 생각에 더 열심히 일하려 했어.

쌤이 무척 싫어하던 것이 바로 '계획'이었어. 계획이란 세워서 그에 따라 실천하면 그만인데, 계획을 세우면 '실천하지 못하는 경우'가 발생하는 게 너무 싫은 거야. 그래서 계획을 세워야 할 일이 생기면 이리저리 핑계를 대곤 했지. 다른 사람의 충고는 절대 귀담아듣지 않았고.

그런데 문득 궁금했어. 왜 내가 이런 모습이 되었을까? 왜 다른 이의 충고를 받아들이지 못하는 걸까? 나 자신을 발전시킬 수 있는 건설적인 기회인데, 왜 그걸 끝까지 거부하는 걸까?

상담을 공부하고 여러 책들을 읽으면서 알게 되었어. 그동안 사회적 위치나 업적으로 나 자신을 증명하려는 시도는 오류였다는 걸, 그 시도는 결핍감으로부터 시작되었다는 걸. 성장을 위한 건설적 대화는 내 부족함에 대한 지적으로만 여겼던 것이지. 결국 쌤은 그 지적으로부터 나 자신을 방어하기 위해 여러 가지 방어기제(합리화, 회피, 분노 등)로 대화를 거부했던 거야.

> **Q.** 이등변삼각형의 정의를 쓰시오.

수학에서 '정의'란 서로 약속한 거야. 즉, 함께 한 방향을 정하고

나아가는 것이지. 반면에 '정리'는 증명하여 밝혀진 사실이야. 이등
변삼각형의 정의는 '두 변의 길이가 같은 삼각형'이지.

삼각형이 있어. 그런데 두 밑각이 같아. 그렇다면 이 삼각형이 이
등변삼각형임을 어떻게 증명할까? 삼각형의 합동을 이용해 두 밑각
이 같은 삼각형은 결국 두 변의 길이가 같다는 걸 증명하면 될 거야.

이 문제를 보고는 고개를 갸우뚱거려야 해. 이미 약속된 사실을
증명하라고 하다니. 이 상황을 어떻게 받아들여야 할까? 만약 이 문
제를 풀려고 덤벼드는 순간, 우리는 지는 거야. 이미 약속했고, 그렇
게 쓰기로 했는데, 그것을 증명하라는 것은 수학에서 있을 수 없는
거지. 그러니 이 문제는 '잘못된 문제'라고 이야기하면 돼.

이 문제를 보고 갸우뚱거리고 있을까? 이 문제를 증명하기 위해 이 시간에도 열심히 노력하고 있는 건 아닐까? 같은 형제 사이에서 첫째아이도, 둘째아이도, 막내도 부모 사랑을 독차지하기 위해 노력하듯, 우리도 지금 이 순간 뭔가를 하면서 나의 존재를 인정받으려 하는 건 아닐까? 기억하자. 우리 자신이 소중한 존재라는 것은 정의야. 즉, 증명하지 않고 그냥 그렇게 알고 쓰는 거야.

아마추어와 프로의 차이가 있어.

> - 아마추어가 인정받고 사랑받기 위해 일한다면, 프로는 유익하고 즐거운 일을 한다.
> - 아마추어가 타인과 경쟁한다면, 프로는 오직 자기 자신과 경쟁한다.
> - 아마추어가 끝까지 가보자는 마음으로 덤빈다면, 프로는 그 일에서 물러설 수 있다는 마음으로 덤빈다.
> - 결정적 차이는 내면에서 느끼는 결핍감 유무와 관련 있다.[9]

　자신이 소중하단 사실을 증명할 필요가 없단다. 그냥 그렇게 생각하고, 그렇게 알고, 그렇게 믿고, 자기 자신을 사용하면 되거든.
　정의는 증명하지 않아. 그냥 그렇게 알고 쓴다. 너는 그냥 소중한 존재야.

9　《만 가지 행동》(김형경 저, 사람풍경) 중에서.

도형의 닮음

| 그땐 어렸지만 지금은 달라 |

시간이 흘렀다는 것은 여러분이 그만큼 성장하고
성숙했다는 것입니다. 다시 용기 내어 부딪쳐 보세요.
예전보다 훨씬 쉽게 뛰어넘는 자신을 발견하게 될 거예요.

갓난아기가 세상에 태어나는 것. 엄마와 분리되어 세상으로 나온다는 건 참으로 위대한 도전이야. 갓난아기가 태어날 때 평균 몸무게가 약 2.5kg ~ 3kg이라고 하니, 지금 너희들은 얼마나 큰 거야?

몸이 커지면서 운동신경이 발달해. 처음에는 누워 있기만 하다가, 어느새 뒤집기를 하고 곧 기어다니지. 그러고는 무언가를 붙잡고 일어서고, 일어서다 넘어지기를 반복하다가 혼자 일어서게 되고, 혼자 첫발을 떼지. 원하는 곳을 걸어가게 되고. 세상을 탐구하고 학습하고 확인하게 돼.

아이에게 부모는 세상 그 자체야. 부모를 통해 세상을 바라보게 돼. 어릴 적 세상에 대한 느낌을 성인이 되어서도 느끼곤 해. 어떤 경우는 추억으로 간직하지만, 어떤 경우는 아픔으로 간직하기도 하는 것 같아. 사람들을 만나 보면 어릴 적 기억을 그대로 가지고 있는 경우가 많아. 쌤도 꼬마 시절을 보낸 동네를 가본 적이 있는데, 무척 넓게 느껴졌던 골목길이 실은 차 한 대가 간신히 들어가는 길인 걸 알고 깜짝 놀랐어.

> Q. 두 정육면체 길이의 비가 1:2일 때,
> 겉넓이와 부피의 비를 각각 구하시오.

'도형의 닮음' 단원에서는 닮음비, 넓이비, 부피비를 배워. 길이의 비가 $a:b$라면 넓이의 비는 $a^2:b^2$이고, 부피의 비는 $a^3:b^3$이 돼. 즉, 이 문제에서 겉넓이 비는 1:4이고, 부피비는 1:8이야.

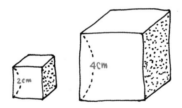

우리가 어렸을 때 바라본 세상은 아주 크지. 그때 우리는 모든 걸 올려다봐야 했어. 어릴 때 처음으로 다 먹어본 밥그릇이 지금 보니까 작은 물컵만 하더라. 그만큼 어릴 적에는 모든 것이 크고 강해 보였어.

아기에게 부모는 세상 자체이자 생명이야. 아기에게 부모는 먹을 것이고, 입을 것이고, 잠잘 곳이야. 부모님이 나보다 키가 2배 크시다면, 겉넓이는 4배 크시지. 목욕탕에서 때를 밀어도 나보다 4배 더 많이 나올걸? 부피는 어떨까? 8배이지. 정신적으로도 물질적으로도 나보다 훨씬 많은 걸 담고 계시지.

지금 네 앞에 너보다 2배 큰 존재가 있다고 해봐. 그가 너를 사랑해 주고, 모든 걸 해결해 주고, 너의 작은 욕구에도 반응해 준다고 생각해봐. 네가 힘들고 지쳤을 때 따뜻하게 안아 주고 격려해 주는 그런 존재가 있다면, 얼마나 행복하고 좋을까?

반대로 너보다 2배 큰 존재가 너를 미워한다고 해보자. 어떤 때는 육체적 아픔을 가하기도 하고. 그런 존재와 함께 한 공간에서 지내야 한다면, 얼마나 고통스러울까?

우리는 아이 때 기억을 지금도 가지고 있어. 어릴 적 즐거움은 여전한 즐거움으로, 어릴 적 아픔은 여전한 아픔으로. 그러나 이제 우린 성장했어. 세상은 그대로이고. 내가 2에서 10이 되었고, 상대도 4에서 12로 똑같이 8씩 커졌다고 생각해 보자. 그렇다면 넓이와 부피의 비는 어떻게 변했을까?

나보다 길이는 1.2배 더 길고, 넓이는 $(1.2)^2 = 1.44$배, 부피는 $(1.2)^3 = 1.732$배 더 크지. 숫자로는 여전히 크지만, 직접 눈으로 보면, 어때? 이제는 한번 해볼 만하지 않아?

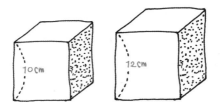

우리 주변을 둘러보면, 아버지의 인정을 받기 위해 평생을 성공 강박에 시달리는 사장님도 있고, 고생하는 엄마를 보면서 자기 삶

을 살지 못하는 중년 부인도 있지. 그들은 어른이 되어서도 여전히 부모의 그늘이나 아픔에서 벗어나지 못하고 있어.

한 남자가 있는데, 그는 어릴 적 부모님이 경제적인 문제로 이혼을 했고 그 기억으로 인해 돈에 대해 부정적인 감정을 갖게 되었어. '나는 돈을 쓰면 안 되는 존재'라고 생각하게 되었어. 스스로 돈을 벌 수 있는 어른이 되어서도 그 기억이 여전히 자신을 지배하고 사회생활에까지 영향을 주고 있음을 발견했어.

그는 상담을 통해 자신의 문제를 발견할 수 있었어. 그 마음을 글로 표현하고, 어릴 적 자신을 위로하고, 주위로부터 격려받으면서 그 기억에서 조금씩 자유할 수 있었어.

어릴 적 힘들었던 아픔. 여전히 아픔일 수 있어. 하지만 그때의 기억으로 움츠리지 말고 같은 상황에 부딪쳐 보길 바래. 막상 덤벼 보면 별거 아님을 알게 될 거야.

포물선과 타원과 쌍곡선

| 성장이란 직면과 돌봄의 조화 |

여러분의 내적인 성장을 응원합니다.
하루하루 그려나가는 점들이 나중에
아름다운 자취로 삶 속에 새겨질 것입니다.

한 아이를 만났어. 기말시험을 본 뒤 자신에 대해 무척 실망하고 있더라. 중간고사 때도 첫 시험을 못봤지만, 다음 시험은 잘 보면 된다고 생각했대. 그런데 기말고사 결과가 더 형편없이 나온 거야. 이제 시험도 끝나고 방학도 얼마 안 남았는데, 마음이 잡히지 않더라는 거였어. 그렇게 한참을 힘들어하더라구.

내가 물어봤어. 너 자신이 마음에 드냐고. 전혀 마음에 안 든대. 언제부터 그렇게 생각했냐고 물어봤지. 며칠 전 자기소개서를 쓸 때 자기가 원하는 대학이 있는데 현재 성적을 기록하면서 '이 점수로는 못 가겠다'는 생각에 좌절감이 들더라는거야. 그러면서 지금의 자신을 송두리째 바꿔 버리고 싶다고 하더라.

성장이라는 건 두 가지가 있어. 외적인 성장과 내적인 성장. 사실 이 아이는 시험이라는 어려운 일을 견뎌 냈어. 피하고 싶고 도망가고 싶었지만, 결국 시험을 모두 봤어. 난 그 점을 칭찬해 주었지. 그리고 지금의 자기 모습이 마음에 들지 않지만, 그럼에도 끊임없이 자기 내면을 바라보고 있다는 거. 나는 이 점도 칭찬해 주었어. 이 아이는 지금 성장 과정을 겪고 있는 거야.

Q. 포물선, 타원, 쌍곡선의 정의를 쓰시오.

포물선	타원	쌍곡선
평면 위에서 한 정점 F와 이 점을 지나지 않는 한 정직선 l에 이르는 거리가 같은 점들의 집합	한 평면 위의 두 정점 F, F'에서의 거리의 합이 일정한 점들의 집합	한 평면 위의 두 정점 F, F'에서의 거리의 차가 일정한 점들의 집합

포물선은 준선과 초점으로부터 두 선의 길이가 같은 점들의 자취이고, 타원은 초점으로부터 두 선의 길이의 합이 일정한 점들의

자취이고, 쌍곡선은 초점으로부터 두 선의 길이의 차가 일정한 점들의 자취야.[10]

자신의 마음을 들여다본다는 것은 무척 큰 용기가 필요해. 보기 싫은 자신의 모습을 바라본다는 것, 잊고 싶은 기억을 떠올려 마주한다는 것은 무척 설레기도 하지만 두렵기도 하지. 그것을 '직면 confrontation'이라고 해. 반면에 현실에서 벗어나 쉬어 주고, 위로 받고, 지친 나의 몸과 마음을 다독여 주는 과정도 필요해. 핸드폰도 충전을 해야 다시 제 기능을 하잖아? 이것을 '돌봄 care'이라고 해.

이러한 돌봄과 직면의 조화를 이루면서 우리는 성장하는 거야. 성장은 어른이 된다는 거야. 그동안은 내 마음의 주인이 어떤 기억, 특정 사건이었다면, 이제는 내가 내 마음의 주인이 된다는 거야.

개인마다 직면과 돌봄의 성향 차이가 있는 것 같아. 모든 일을 직접 부딪치면서 직면하는 친구들이 있는데, 외향적이고 진취적인 사람들이 이런 성향이 많아. 반면에 힘들거나 어려운 사람들에게 돌봄을 주고받고 싶은 친구들도 있지.

포물선, 타원, 쌍곡선 모두 두 개의 초점 혹은 준선과의 관계에서 모양을 이루듯, 성장도 직면과 돌봄으로 이루어진 과정의 자취란다.

---

10 《EBS 수능완성》'기하와 벡터' 편에서.

21
평면의 결정 조건

| 괜찮아, 네 잘못 아냐 |

실패는 잘못이 아닙니다.
시간이 흘러 이 자리가 더욱 아름다운
여러분의 모습을 결정할 거예요.

예수님이 살던 시절에 한 맹인이 있었어. 당시 맹인은 신으로부터 저주받은 존재로 여겨졌지. 예수님이 그 맹인 옆을 지나가게 되었는데 제자들이 예수님께 물었어.

"예수님. 저자는 무슨 죄를 지었기에 맹인이 되었나요."

예수님이 대답하셨어.

"그가 맹인 됨은 그의 지은 죄 때문이 아니라, 하나님께 영광을 돌리기 위함이니라."

우리는 살면서 실패를 겪게 돼. 잘못을 저지를 수도 있지. 몇 년을 준비한 시험에 떨어지거나, 목표로 하던 곳에 올라섰어도 미끄러질 수 있어. 실패할 때 처음 드는 감정은 좌절감이야. 어두운 터널에 빠지게 되지. 그러고는 실패의 원인을 찾기 시작해. 어떤 때는 나 자신에게서 찾기도 하고, 어떤 때는 다른 이에게서 찾기도 해. 나로부터 원인을 찾다 보면 내가 미워지고 원망스럽게 되지. 그리고 환경에서 원인을 찾으면 환경을 탓하고 남의 탓으로 돌리기도 하고.

Q. 공간도형에서 평면을 정의하는 조건을 쓰시오.

평면의 결정 조건
① 한 직선 위에 있지 않은 서로 다른 세 점
② 한 직선과 그 위에 있지 않은 한 점
③ 한 점에서 만나는 두 직선
④ 평행한 두 직선

Q. 공간도형에서 평면과 평면이 만나
교선이 생기는 조건을 쓰시오.

서로 다른 두 평면이 만날 때 생기는 직선을 두 평면의 교선이라고 해.

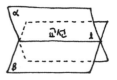

점, 선, 평면도형의 관계를 살펴보고 있는데, 이 세 가지가 서로 조건에 따라
① 점이 선을 정의할 수 있고

② 선이 점과 평면을 정의할 수 있고
③ 평면이 직선을 정의할 수도 있어.

지금은 너의 실패 그리고 좌절만 눈에 보일 거야. 알 것 같아……
그 마음. 어서 빨리 이 어둡고, 춥고, 외로운 자리에서 벗어나 남들처
럼 '나 잘하고 있다'고 보이고 싶은 마음.

너는 하나의 점에 불과하지만 두 개의 점이 더 찍혀 하나의 평면
을 이룰지, 한 직선이 나타나 하나의 평면을 이룰지, 우리는 시간이
지나야만 알 수 있어.

너는 하나의 직선에 불과하지만 그 직선 바깥에 점 하나가 생겨
평면을 이룰지, 너를 만나는 하나의 직선이 생겨 평면을 정의할지,
너와 평행한(겹치지 않는) 직선으로 평면을 이룰지, 시간이 지나면 알
수 있어.

너는 하나의 평면에 불과하지만 하나의 직선이 너를 관통해 교점
을 이룰지, 또 하나의 평면이 너를 만나 교선을 이룰지, 시간이 지나
면 알게 된단다.

실패의 지금. 처음에는 춥고 외롭지. 하지만 그 뒤에 하나님의 손
길이 있어. 우리의 실패의 배경에는 그것을 통해 더 큰 뜻과 길을 펼
치려는 선한 길이 있어.

조금 더 기다려 보고 인내해 보자.

공간좌표

| 정면으로 바라보고, 하늘에서 내려다보자 |

정면으로 바라보면 뚫고 갈 용기가 생깁니다.
하늘에서 바라보면 넘어볼 만한 자신감이 생겨요.

　　우리가 살아가면서 피하고 싶지만 맞닥뜨려야 하는 대상이 있
어. 그중 하나가 '고통'이라는 녀석이야. 고통을 좋아하는 사람은 이
세상에 아무도 없을 거야. 고통은 아프고, 힘들고, 괴로워. 일부러 고
통을 겪는 사람은 정말 흔치 않지.

　　고통에는 두 가지 종류가 있어. 하나는 존재의 고통, 다른 하나는
부재의 고통이야. 존재의 고통이란 말 그대로 존재하기 때문에, 혹은
뭔가를 하기 때문에 받는 고통이야. 시험을 봐야 하는 고통, 숙제를
해야 하는 고통, 놀고 싶어도 마음대로 놀지 못하는 고통, 이런 것들
이 존재의 고통이라 할 수 있어. 네가 학생이기 때문이지. 공부를 하
면서 겪는 스트레스 역시 존재적 고통이야.

　　부재의 고통은 뭔가가 없기 때문에 생기는 고통이야. 어떤 친구

는 학교를 다니지 못하는 상황에 있는데 그럼으로써 그 친구가 겪는 고통, 친구들과 어울리지 못하는 불안, 이러다 잘못되지 않을까 하는 두려움, 사람들의 시선이나 의식에 대한 신경쓰임 등이 여기에 포함돼.

Q. 정육면체를 정면으로 바라본 모습을 그리시오.

정육면체란 면이 6개이며, 그 면이 정사각형으로 이루어진 도형이야. 이것을 정면으로 바라보면 정사각형으로 보일 거야.

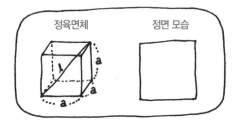

정육면체   정면 모습

고통의 특징은 인정하고 받아들이면 그 크기가 점점 작아지고, 피하면 피할수록 더 커진다는 거야. 두려움도 마찬가지야. 우리가 고통을 '직시'하면 그것을 넘어설 수가 있어. 고통에서 도망치는 것이 아니라, 너희들 용어로 '맞짱'을 뜨는 거지. 정면으로 눈을 뜨고 두려움을 바라보는 거야.

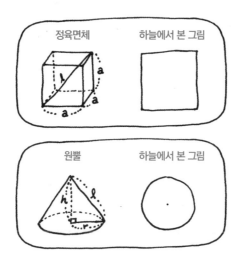

우리는 남들과 끊임없이 비교를 하며 살아. 어떤 친구는 키가 나보다 크고, 어떤 친구는 더 예쁘고, 어떤 친구는 공부도 잘하고……. 이렇게 우리는 수많은 비교 속에 언제나 노출되어 있지. 매일 보는 TV에서도 우리보다 더 잘생기고 예쁜 사람이 나와서 자기가 매일 먹고 입고 쓰는 것을 보여 주면서 우리를 자극하기도 해. 우리는 각자 자기 눈높이가 있어. 그렇기에 모든 걸 자기 기준으로 보게 되지. 그런데 하늘에서 우리를 본다면 어떤 모습일까? 모두가 반짝거리는 소중한 별처럼 보이지 않을까?

공간도형을 만나면 먼저 정면에서 바라봐. 그리고 위에서 내려다봐. 정사면체를 위에서 내려다보면 정삼각형이고, 그 꼭지점은 정삼각형의 무게 중심에 있어. 원뿔을 위에서 내려다보면 원이며, 꼭지점은 원의 중심에 있지. 구를 정면으로 바라보면 원이고, 정육면체를 정면으로 바라보면 정사각형이야. 복잡하게 보이는 공간도형이나 문제들이 삼각형, 사각형, 원으로 단순화되거든.

이제 이것을 공간좌표로 x축으로 보거나, y축으로 보거나, 또 하나의 정면인 z축으로 바라보자. 결국 공간도형은 평면도형으로, 평면도형은 선으로, 선은 점으로 분해되어 네가 풀 수 있는 문제로 보일 거야.

취업준비생이 있는데 그를 세 가지 축으로 보도록 해보자. '돈'축, '시간'축, '건강'축으로. 돈의 각도에서 보면 취업준비생은 고정적인 외부 수입이 없지. 시간의 각도에서 보면 시간은 여유가 있지 않을까? 건강의 관점으로 보면 건강도 갖추고 있고. 그러면 취업준비생은 고정적인 외부 수입이 없고, 시간은 충분하며, 건강도 좋다고 볼

수 있지.

이제 바라보는 관점을 선택해 보자. 부족한 돈의 관점에서만 바라보면, 자신의 처지를 한탄하고 원망하고 불안해하게 될 거야. 그런데 여유 있는 시간과 건강의 관점에서 바라보면, 지금 당장 할 수 있는 것을 시작하며 노력하게 될 거고. 같은 것을 어디서 바라볼 것인가 하는 선택의 문제인 거야.

네 생각은 어때?

벡터와 스칼라

| 굽이굽이 흐르는 강이 많은 생명을 이롭게 해 |

벡터의 눈으로 삶의 목적지를 바라보는 동시에,
우리가 걸어온 길을 스칼라로 감사하는 지혜를 가지길 바래요.

두 사람이 만났어. 두 사람이 힘을 합치면 언제 가장 큰 힘을 발휘할까? 같은 방향을 지향할 때일 거야. 그러면 언제 힘을 발휘하지 못할까? 서로 반대 방향을 바라볼 때일 거야.

벡터는 크기와 방향을 가지고 있어. 위치(벡터)와 이동거리(스칼라)는 시점과 종점이 있단다. 즉 종점 위치에서 시점 위치를 빼면 그것이 벡터가 돼. 그런데 벡터는 원점을 기준으로 플러스가 될 수도 있고, 마이너스가 될 수도 있고, 0이 될 수도 있어.

A, *B*, *C* 세 점을 각각 연결하는 벡터를 합해 보자.

$$\overrightarrow{AB} + \overrightarrow{BC} = \overrightarrow{AC}$$
$$\overrightarrow{AB} + \overrightarrow{BC} + \overrightarrow{CA} = \overrightarrow{AC} + \overrightarrow{CA} = \vec{0}$$

마치 합벡터처럼 그저 더하면서 살아온 것 같은데, 결국은 0벡터와 같은 상황이 될 수 있어. 합하기만 했는데 끝에 가서 0이 된다는 것이 가능할까? 여기에는 '방향'이라는 비밀이 숨어 있어. 만약 같은 힘으로 서로를 반대 방향으로 밀고 있다면, 둘 다 움직이지 않을 거야. 서로 반대 방향으로 끌고 있어도 역시 움직이지 않을 거야.

우리가 삶을 그저 열심히만 산다고 되는 것이 아닌 것 같아. 방향이 있어야 하며, 그 방향이 제대로여야 하는 거야. 그래야 의미가 있지. 방향 없는 열심은 계속 더하더라도 결국 무위로 돌아가는 0벡터의 삶이 돼버릴 수 있어.

사람들은 꿈을 이루기 위해 계획을 세우지. 그리고 계획에 맞추어 실천하고. 하지만 그렇게 나아가다 보면 더디게 이뤄지거나 오히려 후퇴하는 느낌을 받게 될 때가 있어. 초조하고 불안하기도 하고, 어떤 때는 이 길이 맞는지 의심스럽고 실망할 때도 있어. 이건 누구나 겪는 일 같아.

혹시 이번 시험 결과 때문에 많이 힘드니? 그렇게 공부를 했는데도 성적이 오르지 않고 늘 제자리인 자기에게 실망스러울 수 있어. 지금 이 시기가 제일 중요하다고들 하는데 말이지.

쌤도 한때 목표가 있었고 그 목표를 위해 살아왔는데, 어느 날 그 목표에서 이탈해야 하는 상황이 발생했어. 오랫동안 계획하고 준비해 온 것들이 물거품이 된 거야.

그때 절망감에서 쌤을 지켜 준 것이 바로 '감사일기'였단다. 하나하나 오늘 하루에 일어나는 일들을 적어 보았지. 예를 들면, 내가 오늘 살아 있는 것에 감사하다, 마실 물이 있음에 감사하다 등. 그렇게 감사일기에 감사할 거리를 적어 보니 무력했던 삶에 힘이 나기 시작했어. 좋으면 좋은 대로 감사, 나쁘면 더 나쁠 수 있었는데 이 정도로 끝나서 감사. 그렇게 경험할 수 있다는 것 자체에 무조건 감사하기 시작했지.

우리의 지금 모습이 아무것도 아닌 것 같고, 혹은 더 나빠진 것처럼 보일 때가 있어. 우리 삶의 이동거리가 스칼라값이야. 즉, 크기만 가지고 있지. 나 스스로에게 전혀 필요없는 듯한 아픔, 고통, 고민, 그리고 찌질함들. 모두 하나도 버려지지 않을 스칼라라고 생각하고 감사일기에 적었어. 그리고 무조건 상황들에 감사했어. 바로가지 못하고 돌아가는 길도 감사하고, 늦은 것 같은 과정도 그저 감사하게 여겼어. 걷고 있는 길이 언젠가는 유익하게 쓰일 거라는 확신을 가지고 지금도 한걸음씩 전진하려고 해.

늦었다고 생각하는 지금, 혹은 다른 아이들보다 빨리 가지 못하는 듯한 불안함과 과거에 대한 후회, 쌤이 모두 이해해. 이런 말이 있어. 굽이굽이 흐르는 강이 많은 생명체를 이롭게 한다고. 지금 힘들고 지치고 보기 싫은 네 모습이 보이더라도, 그 모든 과정이 빛을 발하는 날이 분명히 올 거야.

벡터로 삶을 바라보면서, 결국 아무것도 가져가지 못할 끝을 생각하면서, 크기와 방향을 늘 염두에 두면서, 우리가 걸어온 길을 스칼라로 보고 무조건 감사하자.

집합과 수열

집합의 연산

| 함께 모이면서도 서로 독립적인 가족 |

두 사람 사이에서 '나 자신'으로도 존재하고
'우리'로도 존재하는 성숙한 관계가 되어 나갔으면 합니다.

　건강한 가족이란 어떤 가족을 말할까? 건강한 가족에 대한 정의
에 대해 여러 가지 생각과 의견이 있을 거야.

　쌤이 '아버지학교'를 다니게 되었어. 이름에서 짐작되겠지만, 좋은
아버지가 되기 위한 교육을 받는 곳이야. 하루는 이런 교육을 받았
어. 두 사람 중 한 사람이 상대방에게 특수하게 제작된 자켓 입는 법
을 알려 주는 거야. 그런데 절대 말로만 설명해야 해. 다른 한 사람은
들은 대로만 따라야 하고. 서로에게 궁금한 점을 물어볼 수는 없어.

　과연 옷을 제대로 입었을까? 대부분의 사람들이 옷을 제대로 입
지 못하고, 어떤 경우는 소매도 끼지 못하고 서로 답답해하며 포기
하더라. 이것을 통해 보여 주려는 것은 말만으로는 교육이 되지 못한
다는 점이었어.

두 집합 A, B가 있다. 다음의 경우 각각 $n(A \cap B)$를 구하라
1) $n(A)=5$, $n(B)=10$, $n(A \cup B)=10$일 때
2) $n(A)=5$, $n(B)=10$, $n(A \cup B)=15$일 때
3) $n(A)=5$, $n(B)=10$, $n(A \cup B)=12$일 때

$n(A \cup B) = n(A) + n(B) - n(A \cap B)$의 공식을 사용하자.

1) $10 = 5 + 10 - n(A \cap B)$이므로

$n(A \cap B) = 5$. 즉 $n(A \cap B) = n(A)$가 되지.

즉, $A \subset B$가 성립해 (집합 A는 집합 B의 부분집합).

벤다이어그램으로 아래와 같은 모양이야.

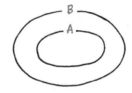

A와 B를 가족 구성원의 관계라고 생각해 보자. A는 B에 속해 있어. 어려울 때나 기쁠 때나 많은 것을 서로 통용하고 나눌 수 있는 장점은 있지만, 경계선이 없어. '나'(I)라는 개념보다는 '우리'(We)라는 개념이 강하지. 자신의 의견보다는 전체 의견을 따르는 구조. 상대를 종속시키고 구속하는 상황을 만들 수 있어. 적절한 모험과 도전을 통해 성장할 수 있는 권리가 포기될 가능성도 있어. 아마도 대가족 내에서 발생하는 일들이 이와 유사할 거야.

2) $15=5+10-n(A \cap B)$이므로

$n(A \cap B)=0$. 이때는 '집합 A와 B는 서로소'라고 해.

아래와 같은 모양이야.

사람 사이에서 이런 상태를 유리된 관계라고 해. 각자 무척 독립적이고 자기중심적이며 책임을 강조하지. 구성원 사이에 경직된 경계선이 있어. '우리'라는 개념보다는 '나'를 강조하는 분위기이며, 타인에 대해 무책임하고 타인을 존중하지 않고 공동체적 목표가 부재하거나 편협하다는 특징이 있어. 즉, 각자 따로 노는 경향이 강하지.

3) $12=5+10-n(A \cap B)$이므로

$n(A \cap B)=3$.

아래와 같은 모양이야.

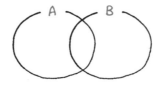

이 상태는 적절한 독립과 결속이 가능해. '나'와 '우리'를 서로 공유하고 있어. 상호의존적이라 할 수 있으며, 자신과 타인에 대해 적절한 책임을 가지고 있지. 자신과 타인을 동시에 존중할 수 있고, 목

표와 관계를 분명히 규정할 수 있는 장점이 있어.

가족이란 사회 구성원들의 가장 기본이 되는 집합체야. 가족은 나를 가장 지지하고 지원해 주기도 하고, 너무나 가깝고 잘 알기에 어려움을 주기도 해. 사랑과 용서를 바탕으로 서로의 성장을 바라는 가족이 참 좋은 가족인 것 같아.

25
충분조건과 필요조건
| 그냥 너 하나로 충분해 |

여러분은 여러분이라는 존재 자체로 소중합니다.
사랑받기에 너무도 충분한 존재.
그 충분함을 충분히 누리면 좋겠습니다.

쌤은 아이들과 이야기하는 걸 무척 좋아해. 그냥 이런저런 이야기 뭐든 좋아. 쌤이 이야기하자고 아이들을 부르면 처음에는 부담스러워하는 것 같더라고. 하지만 차츰 친해지면서 마음을 터놓는 걸 좋아하더라.

쌤이 학창 시절에 선생님이 상담을 하자고 하면, 대부분은 진학에 관한 내용이었어. 성적표를 앞에 두고 하는 상담이 그리 편하지만은 않았던 것 같아.

우리가 누군가를 처음 만나거나, 면접을 본다거나, 발표를 해야하는 상황이 되면, 설레기도 하면서 긴장도 되지. 어떤 경우는 긴장을 넘어 두려움을 느끼기도 해. 그만큼 나 자신을 누구에게 보여 준다는 것은 무척 신경 쓰이는 것이 맞아.

쌤은 당당한 친구들이 참 부러워. 그냥 있는 그대로를 보여 주는 친구들을 보면, 그처럼 자신감을 갖지 못하는 내가 좀 초라해 보여. 그 친구들은 뭘 믿고 저럴 수 있을까, 어디서 저런 자신감이 생겼을까 신기하기도 해.

> Q. □ 안에 필요, 충분, 필요충분 중에서
> 알맞은 용어를 써넣으라.
> $x=1$은 $x^2=1$이 되기 위한 [_____] 조건이다.

$x=1$이면 $x^2=1$이 되지.
거꾸로 $x^2=1$이라고 해서 $x=1$은 아니야. (반례: $x=-1$)
즉, $x=1$은 $x^2=1$이 되기 위한 충분조건이야.

갓난아기가 해야 할 일이 뭘까? 아기를 키우는 엄마들이라면 모두 동의할 텐데, 아기들은 그저 잘 먹어 주고 잘 자주고 잘 응가 해주면 되지. 이것만 잘 해줘도 만점 아기가 아닐까?

하지만 아기가 조금씩 성장하면서 말하는 것, 대변기 사용하는 법도 배우고, 사람 많은 곳에서 뛰어다니지 않는다거나 음식 먹을 때 수저를 사용하는 등의 의무를 부여받지. 즉, 해야 할 일들이 점점 늘어나는 거야. 그런 의무를 다하지 못하면 잘할 때까지 훈육받게 되고.

그러면서 우리는 누군가의 사랑을 얻기 위해선 조건을 갖추어야 한다고 생각해. 어렸을 적엔 부모님을 기쁘게 하기 위해 부모님의 기대에 맞추고자 애쓰며 살아가지. 많은 아이들이 지금 이 순간에도 열심히 공부하고 있는데, 그 열심의 이면에는 부모님이나 선생님으로부터 사랑을 받으려는 마음이 숨어 있는 경우가 있어. 그리고 공부를 잘하면 사랑을 받지만, 공부를 잘하지 못하면 사랑받지 못하게 되리라는 두려움도 있고. 사랑받지 못하면 결국 쓸모없는 존재가 되어 이 세상에 존재할 이유도 없다고 생각하지.

> **Q.** ( ) 안에 알맞은 용어에 ○표를 하시오.
> 나는 부모님에게 (충분, 필요)조건이다.

앞에 만 원짜리가 있다고 해보자. 그것을 손으로 구겼어. 빳빳한 돈이 구겨졌어. 그래도 여전히 만 원이지? 만약 어떤 사람이 그 만 원을 보고 "이건 십 원이야"라고 했다고 해봐. 그래도 여전히 만 원이지?

만 원을 발로 밟거나 집어던져 봐. 혹은 펜으로 막 낙서된 만 원 지폐라고 해봐. 그래도 갖고 싶을까? 그래도 갖고 싶지 않을까? 왜냐면 여전히 만 원이니까.

그 만 원 지폐가 바로 너 자신이야. 너의 가치는 변하지 않아. 네가 설령 시험을 망쳤어도, 스스로가 맘에 안 들어도, 가정 형편이 어려워도, 누군가로부터 손가락질받더라도, 너의 가치는 변한 것이 없어.

무언가를 더 한다고 해서 더 사랑받을 만한 존재가 되는 게 아냐. 그냥 너 하나로 충분하니까.

그래서, 넌 부모님에게 충분조건이야.

귀류법

| 나 자신을 조금 더 기다려 주자 |

무엇을 하기로 결심했다 해도
시간이 필요하죠. 끝까지 인내하면서 자신이 한 결심을
지키는 여러분이 되기를 소망합니다.

거짓말하는 아이들의 심리는 어떤 상태일까? 진실을 이야기하지 못하는 이유는 뭘까? 쌤 주변에도 거짓말하는 아이들이 있어. 물론 거짓말이 무조건 나쁘다고 하는 건 아니야. 사실을 말했을 때 문제가 생길 걸 알고서 거짓말하는 경우도 있으니까. 거짓말을 하는 유형들을 살펴보면, 관심을 불러일으키기 위한 과대포장형, 어려운 상황에서 자신을 지키려는 자기방어형, 자신의 마음을 충족시키기 위한 욕구충족형 등이 있어.

쌤이 아는 한 아이도 거짓말을 자주 했어. "내일 뵐께요" 하면서 학원에 오지 않는다든지, "언제까지 해올께요" 하면서 하지 않는다든지. 그런데 쌤은 그 아이를 이해할 수 있었어. 실은 쌤도 가끔 거짓말을 통해 상황을 회피하는 스타일이거든. 아이를 야단칠 때도 단도

직입적으로 말하지 않고 아이가 상처 받지 않도록 돌려 표현하는 경우가 많고.

수학에서도 거짓말을 지혜롭게 다루면서 진실을 밝히는 방법이 있어. 바로 귀류법이야. 귀류법은 간접증명법의 하나야. 어떤 명제가 참임을 증명하려 할 때, 그 명제의 결론을 부정해서 가정假定 또는 공리公理 등이 모순됨을 보임으로써, 간접적으로 그 결론이 성립한다는 것을 증명하는 방법이야.

> Q. $\sqrt{2}$ 가 무리수임을 증명하시오.

$\sqrt{2}$ 는 생긴 것만 봐도 무리수야. 그런데 이것을 증명하라는 문제지. 실수는 유리수와 무리수로 구분해. 유리수가 아니면 무리수이고, 무리수가 아니면 유리수지.

그러면 $\sqrt{2}$ 를 유리수라 가정하자. (비록 무리수임을 알지만 유리수라고 믿어 주자.)

$\sqrt{2}$ 가 유리수이므로 분수꼴로 나타낼 수 있어.

$$\sqrt{2} = \frac{p}{q} \text{ (단, } p\text{와 } q\text{는 자연수이며 서로소이다)} \cdots ①$$

①의 양변을 제곱하면

$$2 = \frac{p^2}{q^2} \text{ 이므로, } 2q^2 = p^2 \cdots ②$$

②에 의해 자연수 p는 2의 배수임을 알 수 있어. …③

③에 의해 $p=2m$ (단, m은 자연수)이라 할 수 있고.

$p=2m$을 ②에 대입하여 정리하면

$$q^2=2m^2 \text{ …⑤}$$

⑤에 의해 자연수 q는 2의 배수임을 알 수 있지. …⑥

그런데 ③과 ⑥에 의해, p와 q 모두 2의 배수이지만 이 성질은 ①의 가정(p와 q는 서로소)에 위배됨을 알 수 있어. …⑦

∴ $\sqrt{2}$ 는 유리수가 아니야. 즉 무리수이지.

누군가 그러더라. 거짓말도 머리가 좋아야 한다고. 맞아. 거짓말 잘하는 아이들을 보면 참 머리가 좋아. 없는 이야기를 잘 지어내지. 그런데 우리가 우리 자신에게 거짓말하는 경우가 있어. 자기 모습을 있는 그대로 바라보거나 받아들이지 않고 계속 바라는 대로 자신을 끌고가는 거야. 긍정적인 면에서 보면 '자기 암시'라 할 수 있어. 자기가 되고 싶은 바를 늘 이야기하면 실제로 그렇게 되는 것 말야.

진실을 말하는 것은 큰 용기를 필요로 해. 그것으로 인해 잃을지도 모르는 것들을 감당해야 하거든. 자기 자신에게 솔직해지는 것도 굉장한 도전이야. 과거의 상처와 아픔을 바라봐야 하고 그것을 드러내 현재로 가져 와야 하는 경우도 있어.

상담의 세계에서 내담자(상담받는 사람)가 거짓말하는 경우는 어떻게 할까? 그것을 고쳐 주기 위해 지적해 주어야 할까? 혹은 거짓말을 자주 하니 상담을 멈춰야 할까? 상담자는 비록 거짓말이 빤히 보이더라도 판단하지 말고 그 말 그대로 믿어 줘야 해. 만약 없는 이야기를 지어내더라도 그걸 사실이라 믿고 그 이야기에 기초하여 상담하지.

위의 증명 문제에서도 우리는 $\sqrt{2}$는 무리수임을 잘 알지만 유리수라 생각하고 유리수라 믿어 준 거야. 그리고 유리수인 것마냥 대해 주었어. 그러다 보니 모순이 생기면서 유리수가 아니라는 사실이 자연스럽게 밝혀진 거지.

거짓말하는 자신에게도 마찬가지야. 내가 왜 처음부터 진실을 말하지 못했을까? 아마도 진실을 이야기하고 나서의 결과가 두려웠을 거야.

거짓말하는 것, 진실을 말하지 못하는 것은 그만큼 마음의 힘이 부족한 것이기에, 그 힘을 키워야 해. 몸의 근육도 키울 때는 운동이 필요하듯, 마음의 근육을 키우는 데도 시간과 노력이 들어. 앞만 보고 가는 것이 성장이라면, 기다리는 것은 성숙이야. 성장과 성숙은 언제나 함께 나아가야 하지.

거짓말임을 알면서도 끝까지 기다려 주고 믿어 주는 지혜가 우리에게도 있었으면 해. 나 자신에게도 성장할 시간을 주자.

27
항등원과 역원
| 듣고 싶은 말을 듣고 싶은 우리 |

나를 지지해 주는 친구에게 감사하고,
나를 지적해 주는 친구에게 고마워하는 우리가 되기를 바래요.

어떻게 하면 좋은 상담이 될까? 많은 상담가들이 이 문제를 가지고 지금 이 시간에도 고민하고 있어. 상담의 목적은 상대가 스스로 문제를 해결하도록 하는 거야. 우리는 도와주고 싶은 마음이 앞서서, 상대의 문제를 직접 해결해 주고 싶어하지. 이를 통해 나 자신은 성취감을 느낄 수 있으나, 정작 이야기를 시작한 당사자는 불편할 수도 있어. 그리고 같은 문제가 닥치면 의존할 가능성이 높아지지. 그래서 가능한 한 스스로 문제를 해결해 나갈 수 있도록 기다려 주고 지지해 주는 것이 중요해.

상담은 내가 아닌 상대가 말을 많이 하도록 해주는 거야. 상대가 이야기를 하도록 계속 북돋아주어야 해. 그렇게 되도록 분위기를 만

들어 주는 것이 좋아. 상대가 침묵하는 경우가 생기면, 기다려 주며 쉽게 공감할 수 있는 이야기(날씨라든지 상담받기 위해 오기까지의 길 등)를 하면서 자연스럽게 얘기가 연결되도록 하는 거야.

침묵은 어떻게 보면, 이야기를 하고 싶다는 신호와 같아. 이야기 하는 것 자체를 힘들어하는 사람이 있어. 이때는 같이 기다려 줘야 해. "지금 느낌이 어떠세요?"와 같은 간단한 질문으로 이야기를 유도 하기도 하지. 상대가 이야기를 하다가 잠시 멈출 때는 상대가 상황 을 정리하고 싶어한다는 의미야. 안전한 공간인지 확신을 갖고 싶다 는 의지의 표현이라 할 수 있지.

대화에서는 적절한 공감과 열린 질문이 필요해. 다른 이의 이야 기를 듣는 것은 많은 에너지가 소모되는 일이야. 특히 불확실한 상 황에 들어가야 하는 경우는 인내력이 필요하지(내담자의 이야기는 대 부분 불확실하고 명확하지 않아). 간단한 팁을 공유할게. 공감하는 방 법 중 하나는 상대방 이야기의 끝말을 반복하는 거야.

A: 어제 그 아이 때문에 짜증났어요.

B: 짜증났구나.

A: 짜증나서 집에서 막 울었어요.

B: 울었구나.

그러고 나서 적절한 질문을 해야 해. 닫힌 질문('예' 혹은 '아니오' 로 답하게 하는 질문)보다는 열린 질문(예를 들면, "그래도 그렇게 버틴 이유가 뭐니?" "어떤 방법으로 해결했니?" 등)을 함으로써 이야기를 유 도하는 것이 좋지.

상담의 키는 내담자의 의지에 있어. 그저 누군가에 손에 이끌려 온 경우는 솔직하게 이야기하지 못하고 계속 회피하거나 침묵으로 일관할 때가 많아. 가족의 요구로 상담받게 된 한 여성이 있었어. 그동안 이야기하지 못한 것을 이야기하고 지지받으면서 상담 내내 울었어. 그리고 상담을 마치고 한 이야기는 자신은 더는 상담받을 수 없다는 거였어. 낯선 사람에게 자기 이야기를 드러내는 것이 너무 힘들다고 했어. 그만큼 상담받는다는 건 굉장한 도전이지만, 스스로 그것을 택한다면 바라는 바를 성취할 가능성은 무척 높지.

상담을 받고 나면 공통적으로 드는 느낌이 있어. 세상은 바뀐 것이 없는데 뭔가 바뀐 듯한 기분이야. 자기 이야기를 털어놓고 상대로부터 존중받고 지지받기 때문이지. 이 같은 주고받음은 실생활 속에서 무척이나 중요하지.

> **Q.** 1) 더하기와 곱하기의 항등원을 구하시오.
> 2) 5의 덧셈에 대한 역원을 구하시오.
> 3) 3의 곱셈에 대한 역원을 구하시오.

1번 정답: 더하기의 항등원은 0, 곱하기의 항등원은 1

2번 정답: −5

3번 정답: $\dfrac{1}{3}$

실수의 연산을 보면, 항등원과 역원의 정의가 있어. 항등원은 $a \circ e = e \circ a = a$로 정의돼. 즉 e가 a 앞에 있거나 혹은 뒤에 있어도 그 결과는 언제나 a이지.

e라는 항등원의 특징은 다음과 같아.

1) a를 지켜 준다.

2) a보다 앞 $(e \circ a)$ 뒤 $(a \circ e)$ 모두 같다.

3) e 자신은 드러나지 않는다.

항등원은 마치 상담가 같은 친구야. 그저 나 자신을 있는 그대로 존중해 주는 친구. 내가 부족한 대로 받아주고 내가 넘치는 대로 이해해 주는 친구. 그런 친구를 바로 '항등원 같은 친구'라 할 수 있지.

이번에는 역원을 보도록 하자.

$a \circ x = x \circ a = e$가 성립되게 하는 x를 연산 $\circ$에 대한 a의 역원이라고 해. a를 역원 x와 연산하면 항등원 e가 되지. 즉 a를 상담가로 만들기 위해서는 반드시 x라는 역원이 존재해야 해.

내 주변에는 나의 잘못된 부분을 지적하고 고쳐 주려는 역원 같은 친구도 필요해. 내가 듣기 싫어하는 말일수록 실은 옳은 말일 가능성이 높거든. 또한 내가 미워하는 사람은 내가 갖고 싶은 것을 가진 사람일 확률이 높지. 역원 같은 친구는 늘 나를 겸손하게 하고 돌아보게 만들어.

항등원 같은 친구, 역원 같은 친구, 그 모두가 나에게 주신 축복이자 선물이야.

등비수열

| 남과 비교하지 말고 내 목표에 시선을 고정하자 |

여러분이 추구하는 목표에만 온전히 집중한 채
한걸음씩 내딛는다면, 어느새 여러분은
경쟁자를 추월해 있을 거예요.

물이 귀한 나라에서 지내던 사람이 한 호텔에 묵게 되었어. 호텔에서는 수도꼭지를 틀면 물이 쏟아져 나왔지. 그것을 보고 너무 감동한 그는 그 수도꼭지를 떼어 자기 나라로 돌아갔어. 그러고는 자신의 집 벽에 수도꼭지를 설치했어. 그런데 수도꼭지를 틀어도 물이 나오질 않는 거야. 그는 대체 왜 물이 나오지 않는지 알지 못했어.

기업에서 벤치마킹benchmarking[1]이 유행한 적이 있어. 상대의 뛰어난 점을 참고하여 그 기준으로 자신의 단점을 해결해 나가는 것은 무척 효율적이고 효과적인 방법이라 할 수 있지.

하지만 수도꼭지에서 물이 나오게 하려면 배관을 심어야 하는

---

[1] 어느 특정 분야에서 상대 기업의 우수한 점을 배우면서 부단히 자기 혁신을 추구하는 경영 기법.

데, 이처럼 보이지 않는 부분을 다루는 것은 쉬운 일이 아니지. 또한 경쟁자 정보를 늘 관찰하는 것도 현실적으로 어렵고, 그것을 기업에 적용한다고 해서 잘된다는 보장도 없지. 즉, 경쟁자를 관찰하여 내 것에 적용하는 것은 한계가 있어.

> Q. 1) 어느 날 연이율 10%인 예금에 100만 원을 저축했다면,
>   1년 후 얼마가 되는가?
> 2) 어느 날 연이율 10%인 예금에 100만 원을 저축했다면, 2년 후
>   얼마가 되는가? (복리로 계산)
> 3) 어느 날 연이율 10%인 예금에 100만 원을 저축했다면, 3년 후
>   얼마가 되는가? (복리로 계산)

1) 100만 원을 은행에 넣었어. 이율이 10%이므로 1년 후 이자는 $100 \times 0.1 = 10$ 만 원이야. 그렇다면 총합은 $100 + 10 = 110$만 원이 되지. 혹은 $100 \times (1 + 0.1) = 100 \times 1.1 = 110$만 원으로 계산할 수도 있어.

2) 100만 원이 1년 후에는 $100 \times 1.1 = 110$만 원이지? 복리란 110만 원에 또 이자가 합해지는 거야. 또 1년 후라면 $110 \times 1.1 = 121$만 원이지. 혹은 $100 \times 1.1 \times 1.1 = 100 \times (1.1)^2 = 121$만 원으로 계산할 수도 있어.

3) 마찬가지로 $100 \times 1.1 \times 1.1 \times 1.1 = 100 \times (1.1)^3 = 133.1$만 원이 되지.

> Q. 연이율 10%, 매년마다 복리로 매년 초에 100만 원씩 적립하면,
>   3년 말의 적립 총액은 얼마나 되는지 구하라.

매년 초에 100만 원씩 넣어. 3년이면 세 번 넣을 거야. 그리고 1년마다 10% 이자가 붙어.

첫 해를 보자. 100만 원이 있지? 그렇다면 1년 후에 10% 이자가 붙으니까 $100 \times 1.1 = 110$만 원이야.

둘째 해는 110만 원 있었지? 그런데 100만 원이 또 들어왔어. 매년 초에 100만 원씩 적립한다고 하니까. 그러면 210만 원이 됐지? 여기에 1년 후 10% 이자가 붙으니까 $210 \times 1.1 = 231$만 원이야.

그리고 셋째 해 초에 있는 231만 원에 100만 원이 더해졌어. 그러면 331만 원, 그리고 1년 후 10% 이자가 붙어서 $(231 + 100) \times 1.1 = 331 \times 1.1 = 364.1$만 원이 되는 거야.

또는 이 문제 전체를

$$100 \times \{(1.1)^3 + (1.1)^2 + (1.1)^1\} = \frac{100 \times 1.1 \{(1.1)^3 - 1\}}{1.1 - 1} = 364.1$$

로 계산할 수도 있어.

그러면 다음을 풀어 보자.

> Q. 1000만 원을 연초에 대출받았다. 연이율 10%, 매년마다 복리로 1년 뒤부터 a원씩 10년 동안 갚는다면, a원은 얼마여야 하는지 구하라.

우리가 이 문제를 풀기 위해, 먼저 첫해 120만 원을 갚는다고 생각해 보자. 대출금 1000만 원에 10%의 이자가 붙어 갚을 돈이 1100만 원이 될 거야. 이때 120만 원을 갚으면 남은 금액은 980만 원이 되지. 그렇게 120만 원씩 3년 동안 갚는다고 해보자. 남은 돈은 얼마인지 계산해 보자.

1년 후 120만 원을 갚고서 남은 돈은

$$1000 \times (1.1)^1 - 120 = a_{1년\,후} \cdots ①$$

2년 후 또 120만 원을 갚고서 남은 돈은

$$a_{1년\,후} \times (1.1) - 120 = a_{2년\,후} \cdots ②$$

3년 후 또 120만 원을 갚고서 남은 돈은

$$a_{2년\,후} \times (1.1) - 120 = a_{3년\,후} \cdots ③$$

①, ②, ③을 정리하면

$$a_{3년\,후} = 1000 \times (1.1)^3 - 120 \times \{(1.1)^2 + (1.1)^1 + 1\} \cdots ④$$

10년 후라면 ④를 $a_{10년\,후}$으로 바꾸면 된다.

$$a_{10년\,후} = 1000 \times (1.1)^{10} - 120 \times \{(1.1)^9 + (1.1)^8 + \cdots + (1.1) + 1\} \cdots ⑤$$

⑤를 이용해 120을 미지수 a원으로 바꾸면

정리하면 아래와 같다.

$$1000 \times (1.1)^{10} - a \times \{ \frac{(1.1)^{10} - 1}{1.1 - 1} \} = 0$$

이항하면

$$a \times \{ \frac{(1.1)^{10} - 1}{1.1 - 1} \} = 1000 \times (1.1)^{10}$$

이것을 계산하면 $a = 163$만 원이 나온다.

이 문제를 인생에 적용해 볼까? 1000만 원을 10년 동안 일정 금액으로 갚는 문제야. 우리는 살면서 높은 목표를 세우지(이 문제에서 1000만 원은 목표를 의미해). 그리고 그 목표를 위해 조금씩 노력하며 전진하고(a만 원씩). 열 번 만에 도달해야 하고 이자율이 없다고 할 때, 1000만 원을 10회로 나누면 100만 원이라는 액수가 나와. 하지만 현실은 그렇지 않고 10%라는 이자 계산을 해야 해.

내 목표는 1년후 1.1배 멀어졌다.	1000 x 1.1
그래도 나는 노력했다.	a
이제 목표까지 이만큼 남았다.	1000 x 1.1 - a
또 1년이 지나 1.1배 멀어졌다.	(1000 x 1.1 - a) x 1.1
그래도 나는 노력했다.	(1000 x 1.1 - a) x 1.1 - a
또 1년이 지나 1.1배 멀어졌다.	{(1000 x 1.1 - a) x 1.1 - a} x 1.1
그래도 나는 노력했다.	{(1000 x 1.1 - a) x 1.1 - a} x 1.1 - a

이것을 계산하기는 너무 복잡하지. 정답을 얻기 전에 포기할지도 몰라. 그래서 이 문제는 관점을 달리해 보아야 해.

1) 1000만 원에 10년 동안 10%의 복리로 붙는 금액

$$A = 1000 \times (1.1)^{10}$$

2) a원씩 매해 10년 동안 10%의 복리로 적립금

$$a \times \{ \frac{(1.1)^{10} - 1}{1.1 - 1} \}$$

3) $A = B$로 풀면 된다.

너의 경쟁자가 있어. 그를 이기고 싶어. 그러면 지금 그 경쟁자가 어떤 상황에 있는지 알고 싶을 거야. 공부 조금 해놓고서 그 경쟁자가 어디까지 공부했는지 궁금할 거야. 그러다가 불안해지기 시작하

지. 나보다 더 많이 했는지, 그는 무슨 책을 보는지 등등의 생각으로 시간을 쓰게 되지.

나에게 빚이 있다고 했을 때, 얼마를 갚은 뒤 얼마만큼 남아 있는지 보고 싶어 하잖아? 다음 달에 빚을 갚은 뒤에 또 얼마나 남았는지 세어 보고. 그다음 달도 마찬가지지.

하지만 결국 쌤이 말하고 싶은 건, 경쟁자를 의식하지 말라는 거야. 경쟁자도 지금 나름의 방법으로 노력하고 있는 거야. 그도 성장하고 있는 중인 거야. 경쟁자를 의식하는 그 에너지를 지금의 너에게 쏟아붓는 것이 훨씬 더 이익이라는 거야.

1000만 원은 10년 동안 이자가 붙게 돼($1000 \times (1.1)^{10}$). 매년 내가 할 일은 꾸준히 하면 돼. 그것은 복리이자가 붙을 거야.

$$a \times \{ \frac{(1.1)^{10} - 1}{1.1 - 1} \}$$

경쟁 상대를 의식하면서 내 에너지를 허비하는 것이 아니라, 지금 내가 할 수 있는 것을 차곡차곡 쌓아가겠다는 마음가짐. 그러면 자유함 가운데 목표에 도달할 수 있어.

우리의 시선을 경쟁자가 아닌 목표에 집중하도록 하자.

수학적 귀납법

| 하나부터 시작하고, 한 번 더 일어나자 |

모든 것은 하나에서 시작합니다.
지금 당장 하나부터 시작하고,
그것보다 하나 더 해봅시다.

쌤이 책을 쓰려고 생각하면서 동시에 드는 생각은 '내가 과연 할 수 있을까?'였어. 그런 의심을 가지고 나 자신을 바라보니 도저히 글을 쓸 수 없더라고. 글감도 떠오르지 않고, 써야 할 내용은 여전히 산더미 같고. 커다랗기만 한 목표를 바라보니 내 마음에 '좌절감'이 싹트기 시작했어.

그 좌절감은 나로 하여금 '원망'하도록 만들었어. 왜 책을 쓴다고 해서 이렇게 힘들어야 하는지 후회도 되었고, 이미 주변 사람들에게 이야기해 놓은 내 가벼움을 탓하기도 했어.

곰곰이 생각해 보니, 쌤은 무의식적으로 '회피'를 하고 있었어. 책 쓰는 것에 집중하지 못하고 괜히 커피를 타서 마시거나, 다른 책을 보면서 잠시 잊어보려 하거나, 샤워를 하면서 시간을 흘려 보내고 있었어.

Q. '나는 책을 쓴다'는 것이 참임을
수학적 귀납법으로 증명하시오.

수학적 귀납법이란 이렇게 정의해.

명제 $p(n)$이 모든 자연수 n에 대하여 성립하는 것을 증명하려면, 다음 두 가지를 증명하면 돼.

(1) $n=1$일 때 명제 $p(n)$이 성립한다.

(2) $n=k$일 때 명제 $p(n)$이 성립한다고 가정하면,

$n=k+1$일 때도 명제 $p(n)$이 성립한다.

수학적 귀납법을 통해 '나는 책을 쓴다'라는 것이 참임을 증명해 보자.

(1) $n=1$일 때 명제 $p(n)$이 성립한다.

먼저 $n=1$일 때 '책을 쓴다'는 것이 참임을 보여 주는 거야. 즉, 첫 페이지를 쓰는 거지. 자, 첫 페이지를 쓰면, 이를 증명한 거야.

(2) $n=k$일 때 명제 $p(n)$이 성립한다고 가정하면, $n=k+1$일 때도 명제 $p(n)$이 성립한다.

여러 페이지($n=k$)를 쓸 수 있다고 가정했을 때, 그보다 한 페이지 더(즉, $n=k+1$) 쓰는 것을 보여 주면 돼. 그리고 아까보다 한 페이

지를 더 쓰는 거지.

결론: (1) (2)에 의해 '나는 책을 쓴다'라는 명제 $p(n)$은 참이라 할 수 있어.

수학적 귀납법을 정리해 보면
1) 처음에 '하나를 시작'하는 것이고
2) 이미 한 것보다 '하나 더' 하면 되는 거야.

Q. 아기가 걷기 위해서는 몇 번 넘어질까?

아기를 잘 살펴보자. 아기는 걷기 위해 수없이 넘어지지. 그런데 넘어졌다고 포기하지 않아. 다시 일어나 또 걸어. 아무렇지도 않다는 듯 말야. 어떤 통계에 의하면 아이가 걷기 위해 넘어지는 횟수가 평균 2,000번이래.

Q. 지금 걷고 있는 아기는 넘어졌다가 몇 번 일어났을까?

답은 넘어진 횟수에 '한 번을 더한' 횟수야. 아기는 자기가 얼마나 넘어졌는지 헤아리지 못해. 아니, 기억하지 않아. 그냥 걸을 때까지 다시 일어나 또 걸을 뿐이지.

지금 길을 걸어다니는 모든 사람들에게는 넘어진 일이 있었을 거야. 다들 넘어졌다가 한 번 더 일어난 사람들이야.

너도 걷다가 넘어질 수 있어. 도저히 일어날 수 없는 절망의 자리에 있을 수도 있어.

하지만 딱 한 번만 더 일어나 보자.

수렴과 발산

| 내 작은 것을 내어준다는 의미 |

무한이라는 개념 앞에서는 어떤 것도
0과 같이 작아집니다. 하지만 무한과 함께하면,
아무리 작은 것도 무한한 것이 됩니다.

《노자》를 보면 '비어 있음emptiness'에 대한 이야기가 나와. 빈 공간
이 없으면 더 이상 쓸모가 없게 된다고 해.

컵이 있는데 그 컵에 물이 가득 찼다고 해보자. 그러면 그 컵에
더 이상 물을 담을 수 없지? 그렇다면 그 컵은 더 이상 컵으로서의
유용함이 없다는 거야.

만약 네게 어떤 친구가 있는데, 그 친구가 늘 바빠. 그래서 너에게
시간을 내줄 여유가 없어. 너는 그 친구랑 시간을 같이 보내고 싶은
데 친구는 시간이 없다며 너랑 같이 있어 주지 못해. 그렇다면 그 친
구는 너에게 친구로서의 역할을 다하지 못하는 거지.

무한개의 객실이 있는 호텔이 있어. 그리고 무한 명의 투숙객으

로 꽉 차 있는 상태야. 그때 손님이 한 명이 왔어. 그 손님에게 방을 주는 것이 가능할까? 주인은 모든 투숙객에게 옆방으로 한 칸씩 이동해 달라고 하고 맨 첫 번째 방에 그 손님을 들이는 거지. 무한이라는 개념에서 가능한 일이야. 즉, 방이 무한하다면 지금 방이 필요한 그 사람에게 하나를 채워 줄 수 있는 거야.[12]

> **Q. 다음 수열의 수렴, 발산을 조사하고, 수렴하면 그 값을 구하시오.**
> (1) $0.001 \times n$　　(2) $\left\{ \dfrac{1}{n} \right\}$

(1)의 경우 $n=1, 2, 3, \cdots$을 차례로 대입하여 각 항을 구하면 $0.001, 0.002, \cdots, 1, \cdots, 10, \cdots, 100000, \cdots$과 같이 ∞로 발산하지.

$$\therefore \lim_{n \to \infty} 0.001 \times n = \infty$$

(2)의 경우 $n=1, 2, 3, \cdots$을 차례로 대입하여 각 항을 구하면 $\dfrac{1}{1}, \dfrac{1}{2}, \dfrac{1}{3}, \dfrac{1}{4}, \dfrac{1}{5}, \cdots, \dfrac{1}{n}, \cdots$ 과 같이 0으로 수렴해.

$$\therefore \lim_{n \to \infty} \frac{1}{n} = 0$$

우리는 살아가면서 많은 것을 소유하고 싶어 해. 그런데 많은 것을 무한대로 가졌다는 것은 지금 당장 누군가에게 필요한 한 개를

---

12 '힐베르트의 호텔Hilbert's Hotel' 또는 '힐베르트의 공간' 이야기.

줄 수 있다는 의미거든. 지금 친구에게 수학 한 문제를 가르쳐 주는 것, 지금 친구에게 1분이라는 시간을 내어주는 것, 지금 나 자신에게 1분이라는 여유를 주는 것, 이것이 바로 무한히 소유한 것과 마찬가지인 거야. 우리가 보기에 많은 것을 가진 사람이 지금 한 개를 내놓지 못한다면, 그는 실은 많은 것을 진정으로 소유한 것이 아닌 거야.

무한을 경험한 유한한 존재, 무한의 크기를 깨달은 유한한 존재는 겸손하게 돼. 그 겸손이 '용기'를 만들어 내더라고. 무한의 크기에 비하자면 유한한 존재인 인간은 자신이 아무것도 아니라는 고백을 하게 돼.

세상 사람들은 자신이 아무것도 아니라는 말을 싫어하는 것 같아. 나 자신이 아무것도 아니라면 지금 당장 아무것도 하지 않아도 되고, 내가 가진 재능이나 삶 등을 그냥 방치해도 되는 건지 의문이 들기도 하지.

하지만 무한 앞에서 자신이 아무것도 아니라는 말을 되뇌다 보면, 내가 결코 할 수 없다고 생각한 일들을 조금씩 할 수 있게 되고, 어느덧 결과와 관계없이 과정에 감사하는 힘이 생기게 되지.

자신을 아주 잘난 존재라고 생각한다고 해보자. 내가 이 세상에서 최고이고, 뭐든 할 수 있고, 그냥 마구 살아도 된다고 생각한다고 해보자. 그래서 '나'라는 존재의 크기를 1억이라고 해볼까?

$$나 = 100,000,000 = 10^8$$

이제 무한대 ∞로 나누어 보자.

$$\frac{10^8}{\infty} = 0$$

즉, 자신을 아무리 아무리 크게 생각한다고 해도, 유한한 존재는 무한 앞에서는 0과 같은 존재일 뿐임을 확인하게 되지.

어떤 아이가 캔디를 사기 위해 가게에 갔어. 아이가 너무 귀여웠던 주인 할아버지가 말했어. 마음껏 한 움큼 집으라고. 그런데 아이는 망설이며 집으려 하지 않았어. 할아버지는 아이에게 무엇 때문에 그러는지 물었어. 그런데 아이가 말했어.

"할아버지가 한 움큼 집어 주세요"

할아버지는 손 한가득 캔디를 집어 아이에게 주었어. 그제서야 아이는 흐뭇한 표정을 지었고.

"왜 네가 직접 집지 않았니?"

아이는 방긋 웃으며 말했어.

"할아버지 손이 더 크잖아요!"

1) 내가 대단해 보일 때(나의 크기=1000)

$$\frac{1000}{\infty} = 0$$

2) 내 아픔이 너무 클 때(나의 크기=-1000)

$$\frac{-1000}{\infty} = 0$$

3) 나 자신이 초라하고 연약해 보일 때(나의 크기=0.001)

$$0.001 \times \infty = \infty$$

1번에서는 겸손, 2번에서는 위로, 3번에서는 용기가 느껴지니? 우리도 무한대 크기의 손을 가지신 분에게 모든 것을 의탁한다면 삶에 좋은 일들이 더욱 가득하리란 생각을 해보게 돼.

무한급수

| 불안은 받아들일수록 작아진다 |

불안함은 누구나 느끼는 자연스러운 감정입니다.
불안함을 받아들이고 인정하면, 그 크기는 점점 작아져요.

시험을 앞두고 한 아이가 내게 찾아왔어. 불안해서 공부가 안 된다는 거야. 쌤이 봤을 때는 충분히 공부했는데 자신은 그렇게 생각하지 않는대. 한참 쌤하고 이야기를 나누다 보니 작년 이맘 때 시험을 못 봤던 경험이 떠올랐고, 그것을 시작으로 불안이 점점 커져 이미 시험을 망칠 거라 확신하고 있었고, 급기야 시험을 포기할 생각을 하고 있더라.

> **Q.** 초항이 10이고, 공비가 2인 등비수열 a_n의 3번째 항을 구하라.

등비수열이란 곱하는 수열이야. 초항이란 첫 번째 값이라는 뜻이

고. 그래서

수열의 첫 항 a_1은 10

두 번째 항 a_2는 10에 공비를 한 번 곱한 수, 즉 10×2=20

세 번째 항 a_3은 10에 공비를 두 번 곱한 수, 즉 10×2×2=40

작년에 시험을 못 본 결과가 생각났다는 건, 10이라는 불안이 시작되었음을 뜻해. 시험 결과에 실망한 나 자신이 미워질 거고, 그 실망감을 감당할 수 없다는 불안이 배가 되어 a_2=20으로 증가했지. 그런데 갑자기 시험 결과에 실망하실 부모님 얼굴이 떠올랐어. a_3=40으로 불안이 또 커졌어. 그렇게 점점 불안이 커지면서 아무것도 할 수 없다는 생각이 지배적이게 된 거지.

> **Q.** 초항이 10이고 공비가 2인 등비수열(a_n)의
> 무한(∞) 번째 항은 얼마일까?

답은 무한대(∞)야. 처음의 시작 10에다가 계속 2를 곱할수록 값은 증가할 거야. 계속 무한 번 곱한다면 무한대(∞)가 될 거야. 이것을 기호로 $\lim\limits_{n \to \infty} a_n = \infty$ 라고 해. 마치 점점 증가한 불안으로 인해 결국 시험을 포기할까 하는 생각이 든 것처럼.

> **Q.** 초항이 10이고 공비가 $\frac{1}{2}$인 등비수열 b_n의 3번째 항을 구하라.

수열의 첫 항 b_1은 10

두 번째 항 b_2는 10에 공비 $\frac{1}{2}$을 한 번 곱한 수, 즉 $b_2 = 10 \times \frac{1}{2} = 5$

세 번째 항 b_3은 10에 공비 $\frac{1}{2}$을 두 번 곱한 수, 즉 $b_3 = 10 \times \frac{1}{2} \times \frac{1}{2} = \frac{5}{2}$

이 아이는 자신의 불안함을 바라보았어. 처음의 불안 10이 있다는 걸 인정했지. 그러자 그 불안이 $\frac{1}{2}$인 5로 줄어들었어. 성적을 잘 받고 싶은 자신의 마음과 부모님을 기쁘게 해드리고 싶은 마음을 받아들였어. 실력을 쌓아서 자신의 미래를 예측 가능하도록 하고 싶어 함을 알게 되었지. 그러자 불안은 5에서 $\frac{5}{2}$로 또 절반이 줄어들었지.

> Q. 초항이 10이고 공비가 공비가 $\frac{1}{2}$인 등비수열(b_n)의 무한(∞) 번째 항은 얼마일까?

답은 0이야. 처음의 시작 10에다가 계속 $\frac{1}{2}$을 곱할수록 값은 감소할 거야. 계속 무한 번 곱한다면 0에 가까워지겠지. 이것을 기호로 $\lim\limits_{n \to \infty} b_n = 0$ 이라고 해. 불안을 계속 수용하고 받아들이다 보니 0에 가까워졌지.

> Q. 1) 초항이 10이고 공비가 2인 등비수열(a_n)을 무한(∞) 번 더하면 그 값은 얼마일까?
> 2) 초항이 10이고 공비가 $\frac{1}{2}$인 등비수열(b_n)을 무한(∞) 번 더하면 그 값은 얼마일까?

수열을 무한 번 더하면 무한 값이 나올 것 같지만 안 그럴 때도 있어.

　1번의 답은 무한대(∞)

　2번의 답은 20이야.

　이것은 무한등비급수라는 단원에서 배운단다.[13]

　불안한 마음은 여러 가지 원인이 있지만 크게 세 가지야.

　1. 예측하고 싶은 마음

　2. 안전하고 싶은 마음

　3. 통제하고 싶은 마음

　그런데 곰곰이 생각해 보면 위의 세 가지 모두는 인간이 할 수 없는 것들이야. 우리는 미래를 예측하고 싶지만 1분 후의 미래조차 예측할 수 없고, 우리는 안전하고 싶지만 완전하게 안전할 수는 없으며, 누군가를 통제하고 싶지만 나 자신을 통제하는 것마저 힘들잖아.

　그러니 우리의 불안함을 받아들여 보자. 나의 불완전성을 인정하자. 미래만을 생각하기보다 지금 이 순간에 최선을 다하자. 그렇다면 불안은 분명 점점 작아지게 될 거야.

13　$S = \frac{a}{1-r}$ (단, $-1 < r < 1$)

지수와 로그

| 서로에게 의미가 되는 관계 |

당신의 존재 자체만으로
누군가에게는 삶의 의미가 됩니다.

　많은 아이들이 지금도 열심히 공부해. 그렇게 해서 훌륭한 사람
이 되어 어려운 사람을 도와주고 어려운 문제를 해결하면서 사회에
공헌하는 것은 아주 가치 있는 삶이야. 하지만 불가피하게 누군가로
부터 도움을 받아야 하거나, 몰라서 물어야 하거나, 누군가의 힘에
의지해 계속 살아가야 하는 경우가 생길 수 있는데, 사람들은 이런
상황을 견디기 힘들어하는 것 같아.

　너희도 그런 때 있니? 쌤은 가끔 그래. 나 자신이 괜히 초라하고,
별로 할 줄 아는 것도 없는 것 같고, 나 때문에 부모님이 힘드실 것 같
고. 나를 도와주려는 친구들한테도 미안하다 못해서 도망가고 싶은
그런 거. 고맙다고 해야 할 대상에게 오히려 짜증 부려 더 미안하고.

몸이 아파서 병실에 있는 여자가 있었어. 그녀는 회사에서 돈을 벌어야 하고 아이들도 챙겨야 하는데 갑자기 몸이 아팠어. 몸을 움직일 수 없었어. 심지어 대소변도 누군가가 와서 받아 줘야 할 정도였지. 자신이 누군가에 폐가 되는 것 같아 하루종일 울기만 했지.

그런데 그렇게 울고 있던 어느 날, 자신을 위해 기도하고 있는 사람들이 있다는 사실을 알게 되었어. 울기만 하면 안 된다는 생각이 들었어. 아니, 그들 때문에라도 일어나야겠다고 생각했어. 아이들 때문이라도 일어나야겠다고. 그렇게 그녀는 마음을 잡고 재활훈련을 시작했어. 침대에서 일어나는 연습, 서 있는 연습, 한 걸음씩 스스로 걷는 연습. 그렇게 조금씩 다시 일어나게 되었어. 그런 그녀를 위해 많은 사람들은 한마음이 되었지. 서로 모여 기도하고 응원의 글도 써 주고 격려하는 동영상도 만들었지. 그녀의 약함과 아픔으로 인해 그 모임은 더욱 단단해졌지.

> **Q.** '2를 3번 곱하다'를 지수로 표현하시오.

2를 세 번 곱한 것을 $2 \times 2 \times 2$라 하고, 지수로 2^3으로 표현해. 즉 $2^3 = 8$이지.

> **Q.** $2^3 = 8$이다. 그렇다면
> 1) $x^3 = 8$에서 x는 무엇일까?
> 2) $2^3 = x$에서 x는 무엇일까?
> 3) $2^x = 8$에서 x는 무엇일까?

위 문제는 $2^3 = 8$에서 '2', '8', '3' 자리에 각각 x라는 미지수를 놓은 거야. 그러니 답은

1) $x = 2$

2) $x = 8$

3) $x = 3$

할 만하지?

> **Q.** $2^3 = 8$을 로그를 이용해 나타내시오.

지수와 로그는 다음과 같이 나타낼 수 있단다.

$$2^3 = 8 \longleftrightarrow 3 = \log_2 8$$

> **Q.** $2^x = 8$을 로그를 이용해 나타내시오.

$2^3 = 8 \longleftrightarrow 3 = \log_2 8$로 나타낼 수 있었지? 그렇다면
$2^x = 8$을 로그로 나타내면, $x = \log_2 8$이라 할 수 있지.

> **Q.** $x = \log_2 8$을 지수를 이용해 나타내시오.

$x = \log_2 8$을 지수로 나타내면 $2^x = 8$ 이지.

$\log_{10}2$ 값은 왜 0.3010일까? 같이 증명해 보자. 2를 여러 번 곱하는 값을 써볼까?

$2 \times 2 = 4$

$2 \times 2 \times 2 = 8$

$2 \times 2 \times 2 \times 2 = 16$

$2 \times 2 \times 2 \times 2 \times 2 = 32$

$2 \times 2 \times 2 \times 2 \times 2 \times 2 = 64$

$2 \times 2 \times 2 \times 2 \times 2 \times 2 \times 2 = 128$

$2 \times 2 \times 2 \times 2 \times 2 \times 2 \times 2 \times 2 = 256$

$2 \times 2 \times 2 \times 2 \times 2 \times 2 \times 2 \times 2 \times 2 = 512$

$2 \times 2 \times 2 \times 2 \times 2 \times 2 \times 2 \times 2 \times 2 \times 2 = 1024$

여기서 1024에 밑줄을 쳐보자. 2를 10번 곱하면 1024야. 기호로 쓰면 $2^{10} = 1024$라 할 수 있어.

그런데 1024를 1000이라고 생각해 보자. 물론 근삿값이야. 그렇다면

$2^{10} = 1024 \fallingdotseq 1000 = 10^3$

즉, $2^{10} = 10^3$이라고 할 수 있을 거야.

이제 $2^{10} = 10^3$ 양쪽에 $\sqrt[10]{}$ 을 씌우는 거야.

$2^{10} = 10^3 \rightarrow \sqrt[10]{2^{10}} = \sqrt[10]{10^3}$ 이 되지.

그런데 $\sqrt[10]{2^{10}} = \left(2^{10}\right)^{\frac{1}{10}} = 2^{10 \times \frac{1}{10}} = 2^1 = 2$ 가 되고

$\sqrt[10]{10^3} = \left(10^3\right)^{\frac{1}{10}} = 10^{\frac{3}{10}} = 10^{0.3}$ 이 돼.

따라서 $2 = 10^{0.3}$ 이야.

이제 $2 = 10^{0.3}$ 에 우리가 연습한 로그를 사용해 보자.

$2 = 10^{0.3} \leftrightarrow 0.3 = \log_{10} 2$ 이지?

즉, $\log_{10} 2 = 0.3$ 이 되지. 상용로그표를 찾아보면

$\log_{10} 2 = 0.3010$ 과 가깝게 되지.

생각해 보면 지수가 있어서 로그가 있고, 로그가 있어서 지수가 있지.

마치 부모님으로 인해 너가 존재하고, 너로 인해 부모님이 존재하는 것처럼.

2

미분과 적분

함수의 연속과 사이값 정리

| 한 번은 만나야 하는 나 자신 |

자기 자신과의 진실된 만남.
성장을 위해 꼭 한 번은 겪어야 할 성장통이에요.
우리 함께 마음속 보화를 찾아보자구요!

외고에 지원했다가 떨어져 많이 힘들어하는 학생이 있었어. 사람이 어떤 힘든 일을 겪으면, 그와 비슷한 상황만 보더라도 몸과 마음이 자동적으로 반응한다고 하더라. 아마 그 아이가 그랬을 거야.

하지만 쌤은 그 도전을 축하해 주고 싶어. 성공과 실패는 우리가 판단할 일이 아니란다. 원했던 것은 합격이었겠지만, 불합격이라고 하여 실패는 아니란다. 도전의 과정에 들어가 최선을 다했고, 그 자리에 서 있었다는 것 자체만으로 충분히 해낸 거야. 앞으로 기회는 반드시 또 올 것이고, 그 기회의 자리에 또 서게 될 테니까. 그때 다시 한 번 잘해 보는 것도 괜찮지 않니?

방정식 $x^3-4x+2=0$은 구간 (1, 2)에서 적어도
하나의 실근을 가짐을 보이라.[14]

$f(x) = x^3-4x+2$라고 해보자. $g(x) = 0$이라 하고. 그렇다면 $f(1) = -1$, $f(2) = 2$이지. 하나의 끈으로 (1, -1)과 (2, 2)를 잇는다고 해보자. 그렇다면 그림에서처럼 $g(x) = 0$, 즉 x축을 적어도 한 번 이상 지나야 할 거야.

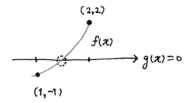

따라서 $f(x) = 0$은 (1, 2)에서 적어도 하나의 실근을 가진다고 할 수 있어.

우리는 살면서 자기 자신이라는 존재를 만나게 될 때가 있어. 우리와 가장 가까우면서도 가장 소홀히 여겨지는 존재가 누굴까? 맞아. 우리는 가까운 사람일수록 소홀히 생각하는 경향이 있어. 그 존재는 바로 '나 자신'이야.

우리 각자에게는 '마음'이라는 집이 있어. 그 집은 오랫동안 청소를 하지 않은 상태야. 마음에 있던 오물이 보이기에 청소를 시작했지. 그런데 가라앉아 있던 먼지가 날아다니며 집안이 온통 먼지투성

---

[14] 《수학의 정석》 '미분과 적분' 편에서.

이가 되는 거야. 나 자신을 만난다는 것은 마치 이 같은 혼란스러움을 겪게 되는 일이야.

하지만 이건 과정일 뿐이야. 이 과정이 있어야 청소라는 것이 이뤄지거든. 먼지가 쌓이고 쌓여 몸의 일부가 되어 버리기도 해. 그것을 떼어내다 살점이 떨어지는 고통을 느끼기도 하지.

자기 마음을 들여다보는 것은 큰 용기를 필요로 해. 더럽고 냄새 나고 어두운 창고에 들어가는 기분일 수도 있어. 그동안 잊고 있던 아픔을 바라봐야 할 수도 있고, 생각했던 것보다 더 힘든 과정을 겪어야 할지도 몰라.

하지만 특정 상황을 왜 그동안 두려워했는지, 나를 지키기 위해 왜 그런 반응을 했는지 들여다봐야 해. 그리고 어두웠던 일에 대해 언어로 표현함으로써 그 어둠으로부터 자유를 얻지. 이야기를 하고 나면 그 일을 다시 객관적으로 바라보게 되고, 주변으로부터 자기가 얻고 싶은 감정적 지지를 받게도 돼.

상담 중인 사람이 있었어. 그는 어릴 적 자신과 만나면서 눈물 흘렸어. 자전거를 사고 싶었지만 가정 형편상 살 수 없었던 기억이 떠올랐어. 그것이 너무 화가 나 옆집 아이의 자전거 바퀴에 몰래 구멍을 내었어. 나이키 신발을 신고 싶었지만 그럴 수 없어 시장에서 짝퉁 신발을 샀는데 그것 때문에 친구들 앞에서 창피했던 기억, 버스에서 배가 아파 바지에 변을 보게 되었을 때 느꼈던 수치심, 그 옷을 입은 채로 집까지 걸어온 기억, 그렇게 도착한 집에 아무도 없어 그 바지를 혼자서 빨았던 기억, 돈 때문에 한숨 쉬는 엄마의 뒷모습을 보면서 돈을 많이 벌어야겠다는 다짐들. 그는 아무에게도 이야기하지 못한 것을 이야기했어. 그 자리에서 상담자는 아빠 역할을 하고 엄마 역할을 해주었어. 그렇게 어릴 적 자신과 만난 그는 결국 자유함을 찾게 되었어.

사이값의 정리처럼 삶에서 적어도 한 번은 지나야 하는 과정, 그것은 나 자신과의 만남이야.

미분계수와 도함수

| 차이가 있다는 것의 감사함 |

세상에 불공평이 존재하므로 우리의 존재 이유가
더 분명해지는 것이 아닐까요? 높은 곳이 보이면 꿈을 꾸고 낮은 곳이 보이면
그곳에 자연스럽게 사랑을 흘려보내는 우리가 되었으면 합니다.

세상에 왜 차이라는 것이 있을까? 세상에는 부자도 있고 가난한 사람도 있어. 건강한 사람도 있고 아픈 사람도 있지. 세상 모든 사람이 다 부자이고 건강하면 얼마나 좋을까? 그러면 세상이 얼마나 공평하고 좋을까? 가난해서 불행하지도 않고, 아픔으로 힘들지도 않고 말이야.

그런데 차이가 있기 때문에 한쪽에서 한쪽으로의 '흐름'도 가능하지. 돈이 잘 흐르면 경제가 살아나고, 피가 잘 흐르면 생명이 유지되고, 사람들 사이에 언어가 흐르면 소통이 꽃피게 되지.[15]

우리 자신을 보더라도 장점이 있고 단점이 있어. 장점을 보면 자

---

15 〈세상을 바꾸는 시간 15분〉 김동호 목사 편에서.

랑하고 싶지만, 단점은 감추고 싶고 극복하고 싶지. 그러면서 다른 이보다 더 뛰어난 능력으로 더 많이 알고, 많이 갖고, 많이 누리면서 살고 싶을 거야. 우리는 장점을 통해 나누는 삶이 가능하고, 약점도 보완해 나갈 수 있어. 나의 장점과 단점이 뭔지 정확히 아는 것이 중요해. 그러기 위해서는 자신을 있는 그대로 받아들여야 하지.

우러러볼 대상이 있다는 것은 감사한 일이야. 그 대상을 올려다보면서 그처럼 닮아가고 싶은 동기가 생기기 때문이거든. 어떤 사람이든 장점이 있고 타인보다 뛰어난 강점이 있어. 상대방을 존중하지 않는다면 스스로 배우고 성장할 기회를 스스로 놓치는 것과 다름없어.

내가 내려다볼 존재가 있다는 것도 감사한 일이야. 그 대상을 긍휼히 여기며 도움을 주기 위해 내가 더 노력할 수 있게 되거든. 가진 것이 비록 작더라도 도움을 줄 수 있어. 다만, 내가 가진 것을 나눌 때는 상대를 배려해 주는 마음으로 행해져야 해. 상대가 자존심 상하지 않도록 지혜롭게 도와주어야 하지.

우리 자신 혹은 이웃이나 사회에 '흐름'을 만들어 내기 위해서는 서로의 차이를 인정하고 받아들여야 해. 그리고 내가 가진 것을 내 것이라며 움켜쥐려 하는 것이 아니라 마땅히 나누어야 할 거라는 인식이 필요하지. 필요한 것이 있으면 부끄러워하며 숨기려 하지 말고, 도움을 청하고 누군가로부터 받음으로써 교류가 이어지게 될 거야.

Q. $y=x^2$은 $x>0$에서 증가 상태임을 보이라.

풀이1) $y=x^2$의 그래프를 그려 보자. $x>0$인 구간의 그래프는 그림에서 점이 찍힌 부분이 돼.

그래프의 방향이 오른쪽 위로 향하고 있으니 증가함수이야.

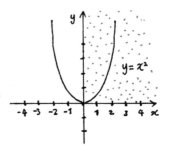

풀이2) $y=x^2$에서 $x>0$인 두 점을 임의로 정해 보자. $x=1$, $x=3$을 정하자.

그렇다면 $x=1$일 때 $y=1$, $x=3$일 때 $y=9$이지. 그러면 두 점 사이의 평균변화율은

$$\frac{y증가량}{x증가량} = \frac{y_2 - y_1}{x_2 - x_1} = \frac{9-1}{3-1} = \frac{8}{2} = 4$$

평균변화율이 양수이므로 증가했음을 알 수 있어. $x>0$인 어떤 두 점을 잡아도 이렇게 평균변화율은 양수가 될 테니, 이 함수는 $x>0$에서 증가함수라고 추론할 수 있지.

풀이3) 마지막으로 미분을 해보는 거야.

$$y=x^2 \rightarrow y'=2x$$ 이며, $y'=2x>0$ ($\because x>0$)

따라서 증가하고 있음을 알 수 있어.

강영우 박사님이란 분이 계셔. 이분은 중학교 때 사고로 실명을 했지만, 미국 유학 후 한국 최초의 장애인 박사가 되었어. 그리고 미국 백악관 국가장애위원회 정책차관보를 지내며 많은 업적을 남기고 2012년 세상을 떠났어. 그분이 이렇게 말했어.

"장애는 한 사람의 인생을 바꾼다. 하지만 장애라는 것이 인생의 걸림돌, 그야말로 장애물로만 존재하는 것이 아님을 보여 주고 싶었다. 나에게 장애는 축복이었다. 나는 단순히 장애를 극복한 것이 아니라, 장애를 통해서 세상을 변화시킬 수 있었다. 눈이 보이지 않았기 때문에 지금의 아내를 만났고, 보이지 않는 눈으로 세상을 보는 법을 책으로 쓸 수 있었다. '장애에도 불구하고'가 아니라 '장애를 통하여' 장애인과 비장애인이 더불어 살아가는 아름다운 세상을 만들기 위해 유엔과 백악관을 무대로 종횡무진 활동할 수 있었다."[16]

세상은 기울어져 있어. 서로 차이가 나지. 그렇기에 서로에게 사랑을 내려보내고 사랑을 받으면서 살아가야 해. 이것이 우리의 존재 이유인 거야.

---

16 《내 눈에는 희망만 보였다》(강영우 저, 두란노)에서.

극대값과 극소값

| 새벽은 어둠이 가장 짙을 때 온단다 |

현재 바닥에 있다는 건 다시 올라가리란 걸
의미합니다. 넘어졌다고 생각되면 잠시 쉬어가세요.
곧 날아올라야 하니까요.

그는 사랑받고 싶었는데, 인정받고 싶었는데, 그래서 더욱 공부에 매달렸지만 결과는 불합격이었어. 이렇게 돼버린 자신을 받아들일 수 없었고 사회 또한 용납할 수 없었지. 마음속에는 점점 분노가 쌓여갔지만 표현할 방법이 없었어.

가족들은 "넌 다시 할 수 있어"라고 말했지만 "네 노력이 부족했던 결과야"라고 들렸어. "너도 저 사람처럼 될 수 있어"라는 위로의 말은 "네 지금 모습은 형편없어"로 들렸어. "이번 기회에 이러한 점을 고쳤으면 해"라는 충고의 말은 "넌 정말 문제가 많아"라고 들렸고. 자신을 둘러싼 모든 이들이 자신을 향해 수군거리는 것 같았어.

그래서 방문을 닫고 온종일 컴퓨터를 했지. 스포츠 중계를 보면서 그 속에서 승리의 쾌감을 느꼈어. 그렇게 승리에 취하고 패배자를 비난하고 나면 마음이 후련했지만, 다시 돌아온 현실에서 자신은 여전히 패배자였어.

사람들은 인생의 바닥을 경험해. 어떤 이는 시험에 떨어져서, 어떤 이는 취직이 안 되서, 건강을 잃어서, 사업에 실패해서, 믿었던 사람으로부터 배신을 당해서. 그때는 자신이 세상에서 가장 불행한 사람이 되어 버리지. 실패의 자리는 춥고, 어둡고, 외로운 자리야. 아무도 그 아픔을 대신할 수 없는 기분. 이 아픔을 나누고 위로받고 싶지만 사람들은 '옳은 이야기'만을 하지. 공부를 더 열심히 했어야 한다고, 노력을 더 했어야 한다고, 그때 기회를 잡았어야 한다고 말이야.

그런 말을 들으면 소리치고 싶어. 얼마나 더 공부해야 하냐고, 얼마나 더 노력해야 하냐고, 얼마나 더 돈을 벌어야 하냐고, 지금까지 내가 얼마나 열심히 했는지 알기나 아냐고, 내가 잘못한 게 뭐냐고, 당신이 내 마음을 아냐고 말이지.

만약 네가 모두 다 잃었다고 생각된다면 하나만 기억해. 지금도 누군가는 너를 위해 응원하고 있다는 걸 말야. '8:2의 파레토 법칙'이 있어. 내가 아무리 잘해도 20%의 반대하는 사람이 있고, 내가 아무리 잘못해도 20%의 같은 편이 있어.

새벽도 너를 응원하고 있단다. 어둠이 가장 짙을 때 동이 터오거든. 아무리 짙은 어둠이라도 빛이 비치면 물러가. 바닥의 자리에는 아름다운 빛이 비치게 될 거야.

또한 너를 가장 잔인하게 공격하는 존재는 바로 너 자신임을 알아야 해. 어떤 때는 자신에게 밥을 주지 않기도 하고, 어떤 때는 쉬는 시간도 허용하지 않고 괴롭게 하지. 나 자신의 적은 다름 아닌 '나'야.

> **Q.** 다음 함수의 극값을 구하고 그래프의 개형을 그려라.[17]
> $$f(x)=x^3-3x-2$$

$f(x)=x^3-3x-2$의 증가, 감소를 알기 위해 미분을 해보자.

$f'(x)=3x^2-3=3(x+1)(x-1)$

$f'(x)=0$에서 $x=-1,1$

$f(-1)=0, f(1)=-4$이므로

x	$-\infty$	$\cdots$	-1	$\cdots$	1	$\cdots$	$+\infty$
$f'(x)$		$+$	0	$-$	0	$+$	
$f(x)$	$-\infty$	↗	극대	↘	극소	↗	$+\infty$

$x=-1$에서 극대값은 0,

$x=1$에서 극소값은 -4.

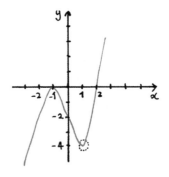

---

17 《수학의 정석》 '미분과 적분' 편에서.

이 그래프를 우리의 삶이라고 생각해 보면, 내가 자리하고 있는 가장 아랫부분은 단지 '극소'인 거야. 인생이라는 곡선에서 내려다가 잠시 멈춘 자리야.

자연계에서 직진한다고 알려진 빛의 내부는 파장으로 이루어져 있어. 파장은 고점도 있고 저점도 있어. 고점과 저점을 반복하면서 빛은 직진하지.

네가 지금 인생의 바닥이라 생각하는 장소에 머물러 있다면, 넘어진 김에 그 자리에서 잠시 쉬었으면 좋겠어. 자신을 돌아보기도 하고, 좋은 책도 읽고, 잠시 울기도 하고. 그동안 미안하게 생각했던 가족과 친구 그리고 나 자신에게도 용서를 구하고. 그동안 소홀했던 것들에 마음을 쓰는 시간으로 보냈으면 해.

인생이라는 함수의 극소값이었던 그 자리는 더 이상 내려가지 않는 인생의 미분값이 제로인 곳이며($f'(x) = 0$), 곧 내 삶이 음에서 양으로 바뀌는 자리이며($f'(x) > 0$), 내 삶이 감소에서 증가로 변화되는 자리인 거야.

정적분

| '지금'과 '여기'를 살자 |

과거에 대한 후회나 미래에 대한 불안으로
오늘을 염려하지 말고, '지금-여기here and now'를
마음껏 누리는 여러분이 되면 좋겠습니다.

《스크루테이프의 편지》라는 책이 있어. 이 책에는 삼촌 악마가 조카 악마에게 인간이 행복하지 못하게 하는 방법을 가르쳐 주는 내용이 있거든. 내용 가운데 이런 말이 있어.

- 인간으로 하여금 과거를 후회하고 집착하게 하고
- 미래만 바라보며 불안하도록 하고
- 지금과 영원을 꿈꾸게 하지 말라

과거에 대한 적당한 후회는 지금의 모습을 수정하고 교정할 수 있는 동기가 돼주지. 미래에 대한 적당한 불안 또한 우리로 하여금 현재를 더 열심히 살도록 하는 긍정적인 면을 가지고 있고. 하지만 많은 사람들이 지나간 일로 고통을 받아. 그리고 미래에 닥칠 일들에 때문에 낙심하기도 하지.

'지금-여기here and now'라는 말이 있어. 지금을 느끼고 여기를 바라보라는 거야. 눈을 감고 모든 신경을 '지금-여기'에 집중하는 거지. 나의 숨결, 맥박, 내면의 소리를 들어보는 거야. 그러면 분산된 생각들이 하나로 모아지고 조금씩 평안이 깃들면서 삶도 안정을 찾아가게 되지.

편안하고 즐거운 가운데 성과가 더 높다는 연구 결과가 있어. 우리 삶에서 실제로 증명되는 일이야. 과거에 집착하고 미래에 얽매이는 이유가 대부분 지금 더 잘살기 위함인데, 오히려 삶에 걸림돌이 되고 말지.

지금-여기에서 편안하고 기쁜 순간들이 합해지면 하루가 되고, 그 하루가 모이면 일 년이 되고, 그 일 년이 모이면 삶이 되지 않을까?

> **Q.** $y=x^3+1$에서 $x=0$부터 $x=1$까지의 넓이를 구하시오.

수학에서 '정적분과 넓이'라는 단원이 있어.

> 함수 $f(x)$가 구간 [a, b]에서 연속일 때, 곡선 $y=f(x)$와 x축
> 및 $x=a$, $x=b$ 로 둘러싸인 넓이 $S = \int_a^b |f(x)|dx$ 이다.

이것을 이렇게 바꾸어 보자.

나의 '지금과 여기'가 구간 [시작, 끝] 동안 계속된다고 하면, 내 삶의 넓이는 '지금과 여기'의 합이다.

$$\text{나의 삶} = \int_{\text{시작}}^{\text{끝}} \text{여기} \times \text{지금}$$

1) $h(t)$라는 '여기'의 함수가 있어. 그 점의 위치는 높이가 $h(t)$야.

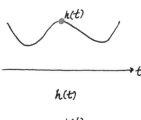

2) 지금이라는 짧은 순간 dt를 밑변으로 하고 $h(t)$를 높이로 하는 사각형(빗금 친 부분)의 넓이는 $h(t) \times dt$가 되지. 마치 여기에 지금 내가 살고 있는 삶의 크기이듯.

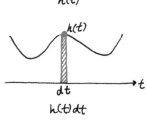

3) s라는 시작Start, e라는 끝end의 구간을 정해 주고, 그것을 더한다는 의미로 적분 기호인 $\int$을 넣어 주자.

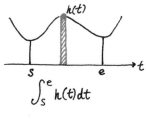

4) 그러면 점이 찍힌 구간의 넓이 공식이 유도되는 거야.

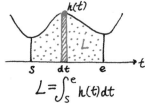

$$L = \int_s^e h(t)dt$$

그렇다면 문제로 돌아와서

$$\int_0^1 (x^3+1)dx = \int_0^1 x^3 dx + \int_0^1 1 dx = [\frac{1}{4}x^3 + x]_0^1 = \frac{5}{4}$$

가 되지.

너는 지금 네가 서 있는 곳에서 어떤 삶을 살고 있니? 수많은 지금과 이곳이 쌓여서 네 삶을 결정하리란 거, 잊지 말길 바래.

속도와 가속도

| 꿈을 향해 나아가는 행동 |

꿈이 있으면 행동이 변하고, 행동이 변하면 내가 맞이하는 순간과
서 있는 자리가 변합니다. 현재 내 모습과 관계없이 꿈을 가지기 시작하면,
날개를 펴고 날아오를 준비를 하는 것과 같습니다.

어느 중년 부인이 있었어. 그녀는 다른 사람들을 잘 배려해 주고
유머가 많아 사람들을 늘 즐겁게 해주었지. 그녀가 참석한 모임에는
언제나 웃음꽃이 피었어.

그런데 그녀는 지금 병실에 있어. 주변의 사람들이 두려워져 병
원으로 피신해 온 거야. 몸이 아파서 온 것이 아니라 마음이 아파서.

그녀의 꿈은 노인들을 대상으로 하는 유머강사였어. 자신의 소
질을 살려 외로운 노인들을 돕고 싶었어.

어느 날 그녀의 친구가 병문안을 왔어. 그녀로부터 꿈에 관한 이
야기를 듣고는 이렇게 말해 주었어.

"네가 지금 병원에 있는 건 너의 꿈을 위한 준비라고 생각해. 유
머강사의 역할을 제대로 감당하기 위해서는 외로움과 아픔을 알아

야 하는데, 그것을 지금 직접 겪어 보면서 아픈 사람의 마음을 더욱 공감하게 될 거야."

그녀는 이 말을 듣고 상황을 다시 해석하기 시작했어. 어둡고 외로운 그 자리가 희망의 자리, 준비의 자리가 된다는 사실을 인식하기 시작했어. 그녀는 곧 병원을 퇴원하고 지금은 자신의 꿈을 날마다 펼치며 즐겁게 살아가고 있어.

> **Q.** 점 p가 처음에 -100을 출발하여 축 위를 초당 -10으로 움직이고 있다. 점 p의 위치는 10초 후에 몇일까?

그녀가 병실에 있었을 때의 위치는 -100이야. 절망감으로 가득했던 마음은 -10이야. 시간이 흘러가면서 어떻게 바뀌게 될까?

$y = -100 - 10x$ 이므로

10초 후에는 $y_{10} = -100 - 10 \times 10 = -200$

그녀의 위치 x는 더 음수로 내려가게 될 거야.

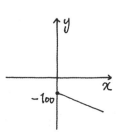

> **Q.** 초기 위치 s_0=-100, 초기 속도 v_0=-10, 가속도 a_0=0.1인 운동이 있다. 이때 위치 그래프를 그리라.

그런데 그녀가 꿈을 갖기 시작했어. 가능할지 불가능할지 미리 판단하지 않고 오로지 자기 안에 아주 작아 보이는 꿈을 세운 거야. 그 꿈의 크기가 0.1이야.

$$\text{초기 위치 } s_0 = -100$$

$$\text{초기 속도(행동 방향) } v_0 = -10$$

$$\text{가속도(꿈의 크기) } a_0 = +0.1$$

꿈을 가지니 마음이 바뀌기 시작했어. 그리고 마음이 바뀌니 행동이 바뀌기 시작했고. 그녀가 있던 위치도 차츰 바뀌게 되었어.

$$s = s_0 + v_0 t + \frac{1}{2}at^2$$

여기에 수를 대입해 보면

$$s(t) = -100 - 10t + \frac{0.1}{2}t^2$$

이 함수에 해당하는 그래프를 그려보자.

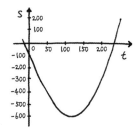

처음의 마이너스 위치 -100보다 점점 더 밑으로 내려가고 있지. 처음 위치도 마이너스, 처음 마음도 마이너스였기 때문이야. 하지만 마이너스로 내려가는 모습이 바닥을 치고 조금씩 상승하기 시작하고 결국 하늘을 날아오르지? 이것이 꿈의 위력이고 힘이란다.

지금 당장 내 위치를 바꾸려고 애쓰지 않기. 지금 당장 내 마음을 바꾸려고 애쓰지 않기. 다만, 내 마음에 아주 작더라도 긍정적인 꿈 하나를 소망하기. 그러면 언젠가 하늘 높이에서 새들과 구름을 만날 수 있을 거야.

2

확률과 통계

대표값과 평균

| 너의 됨됨이를 자랑하렴 |

자기가 가지고 있는 것을 자랑하는 것이 아니라,
자신의 됨됨이를 자랑하는 여러분이 되었으면 해요.

어느 목사님에게 세 아들이 있었어. 아이들 사이에서 비싼 메이커 운동화를 신는 것이 자랑이 되고 있었어. 목사님이 아들들도 그 신발이 신고 싶은지 궁금해서 아이들을 불러 물어봤대.

"친구들 중에 메이커 운동화를 신고 다니는 친구들이 많니?"

큰아들이 대답했어.

"저희만 빼고 다 신어요."

"그러면 너희는 왜 사달라고 안 했니?"

"아빠가 안 사주실 걸 아니까요."

그 대답을 들은 목사님은 책상에서 곰곰이 생각했대. 그러고는 아이들에게 다음과 같이 편지를 썼다고 하더구나.

"운동화를 사달라고 하지 않아서 고맙구나. 비싼 운동화를 사는 목적은 그것을 자랑하려는 것이고, 운동화를 자랑하는 것은 그만큼 자랑할 것이 없다는 거란다. 너희는 운동화를 자랑하지 말고, 너희의 사람 됨됨이를 자랑해 주었으면 좋겠구나."

　우리는 TV나 인터넷에서 혹은 길거리를 지나가면서 수많은 광고를 접하게 되지. 그 내용은 거의 비슷해. 잘생기거나 예쁜 사람들이 나타나 어떤 상품을 들고 나오지. 그러고는 "이걸 가지면 더 행복할 거예요"라고 속삭이지. 그 장면을 보는 마음속에서는 그 상품을 가져야 내가 더 소중해질 거라는 믿음이 생겨나게 되지. 은연중에 우리는 자신에 대해 부족하다는 생각이 들면서(TV 속 광고 모델과 자신을 비교해서) 그 상품을 소유하면 행복에 찬 그 모델과 동일하게 되리라는 확신을 품으며 그 상품을 찾게 되지.

이 시간에도 많은 아이들이 대학에 가려고 공부를 해. 부모로부터 좋은 대학을 가야 성공한다는 이야기를 듣고. 사회에서도, 학교에서도 같은 분위기야. 그러면서 자연스럽게 아이들 마음속에는 자신도 대학에 진학해 훌륭한 사람이 되고 싶다는 생각을 하게 돼. 대학에 가면 쓸모있는 사람, 가지 못하면 쓸모 없는 사람이 되는 양 여겨지기도 하지.

그런 외적인 기대에 미치지 못하는 경우, 즉 그런 기대를 충족시키지 못하는 경우 자신이 실패했다고 생각하게 되지만, 한편으로는 자신의 신념을 다시 점검할 수 있는 기회를 얻게 돼. 자신의 신념을 교정한다는 것은 고통을 수반하는 과정이지. 지금까지 살아온 것들을 다 버려야 할 수도 있기 때문이야. 그 과정에서 우리는 소중한 사람을 잃어버린 듯한 상실감, 우울, 분노를 표출하기도 해.

> **Q.** 대표값의 종류 세 가지를 쓰고 그 뜻을 설명하라.
> 그리고 다음 자료의 대표값을 각각 구하라.
> 3, 4, 7, 8, 8

초등학교 때 평균값을 배우고 중학교에서는 대표값을 배워. 평균은 자료의 모든 값을 더해 총 개수로 나누어 얻는 값이고, 중앙값은 자료를 크기의 순서대로 나열했을 때 중앙에 위치한 값을 의미해. 최빈값은 자료들 중에서 가장 많이 언급되는 수를 의미해. 이 값들은 각각의 자료들을 대표할 수 있는 특징을 나타내게 되지.

대표값	설명	계산
평균	변량의 총합을 변량의 개수로 나눈 값	$\frac{3+4+7+8+8}{5}=6$
중앙값	자료를 작은 값부터 크기 순으로 나열할 때 중앙에 위치한 값	7
최빈값	자료의 값들 중 가장 많이 나타난 값	8

우리 각자는 3, 4, 7, 8, 8처럼 다양한 값들을 가지고 있어. 그중에서 나를 나타내는 대표값이 뭘까? 학생의 경우라면 대표값을 성적이나 등수라 이야기할 수 있을 것이고, 운동선수는 자신의 기록이나 팀 기록이라 말할 수 있을 거야. 쌤처럼 학원 원장은 학원의 크기나 원생의 수일 거고. 그런데 어떤 사람은 오늘 자신이 베푼 친절, 한번 더 노력한 것, 힘든 상황에서도 감사할 대상을 찾은 것 등을 대표값으로 들기도 하지.

너의 대표값은 뭐니? 무엇으로 자신을 세상에 보여 주려 하니? 혹은 어떤 목적을 가지고 이 세상에 존재하고 있니? 네가 그것을 확실하게 가지고 있다면 이미 인생의 승리자야.

쌤이 아는 어떤 분이 있는데 그분은 5남매 중 외동딸로 태어났어. 60년대에 무척 귀했던 색동저고리를 입고 다닐 정도로 귀여움을 독차지했지. 그런데 그녀가 다섯 살 때 집에 불이 나서 얼굴에 커다란 화상을 입었어. 목숨 건 수술을 여러 번 했어. 지금 얼굴을 봐도 당시 화상이 얼마나 심했는지 알 수 있어. 그녀가 초등학교 시절 짓궂은 남자아이들이 자신을 괴물이라고 놀려댔대. 더 이상 살 의미를 찾지 못해 자살 시도도 여러 번 했었다고 해.

　그런데 지금은 어떻게 변했을까? 그녀는 여러 사람의 도움으로 아픔을 이겨내고 지금은 다른 사람을 돕는 상담사로 활동하고 있어. 쌤이 그분을 만나서 느낀 점은, 그분의 한마디에 여느 사람과는 다른 힘이 있다는 거였어. "저도 그 기분 이해해요. 그런데 저도 버티고 있답니다. 당신은 더 잘 견디실 거예요" 하는 그 말이 얼마나 강력하게 들리던지.

　너에게 혹시 어두운 상처가 있니? 숨기고 싶은 게 있니? 지금 모습 그대로 보여 주는 것, 이미 가치로운 너의 존재 자체, 다른 사람 역시 가치로운 존재로 대해 주는 것. 이것이 너의 대표값이 되었으면 좋겠어. 신발 자랑, 옷 자랑, 키 자랑, 이런 거 말고, 됨됨이, 인격, 성품, 친절 등을 우리의 자랑거리로 삼으면 분명 더 멋진 우리가 되지 않겠니?

여사건

| 좋아서 선택한 길, 싫어서 피해 온 길 |

무언가를 선택할 때 자신이 추구하는 가치를
기준으로 선택하세요. 어려움이 온다 해도 그 가치가
변치 않도록 지켜 나가는 여러분이 되시길.

우리는 살아가면서 수많은 선택을 해야 해. 나의 국가, 가족과 같
이 이미 선택되어 주어진 경우도 있지만, 가야 할 학교를 결정한다든
지 마트에서 먹고 싶은 과자를 사더라도 선택의 문제에 부닥치게
되지.

만약 A와 B 두 가지 중 어떤 하나를 선택해야 한다면 어떻게 할
수 있을까? 두 가지로 구분할 수 있을 거야. 하나는, 더 좋은 것을 택
하는 방법. 다른 하나는, 덜 나쁜 것을 택하는 방법.

더 좋은 것을 택하는 것은 '접근적 동기'라고 해. 선택함으로써
얻는 긍정적 결과를 생각하는 거야. 반면에 덜 나쁜 것을 택하는 것
을 '회피적 동기'라고 해. 회피하거나 예방하기를 바라는 부정적 결
과를 생각하고 그것을 피해서 택하는 거야.

쎔이 대학교 전공을 선택할 때 회피적 동기를 통해 정했던 기억이 있어. 이과였던 쎔은 의대는 수술하는 게 무서워 피했고, 전자공학과는 괜히 전기가 겁나서, 컴퓨터공학과는 컴퓨터를 잘 몰라서 피했어. 이렇게 회피적 동기로 선택한 경우는 위기가 닥치면 금방 흔들리게 돼. 아니, 또 피하고 도망갈 궁리를 하게 되더라. 애초부터 두려움을 피해 온 것이기 때문에 또 다른 두려움을 감내할 자신이 없었어. 그리고 피할수록 더 힘든 일이 닥치더라.

접근적 동기의 선택이 고통을 견디는 힘이 훨씬 강하고 더 좋은 선택을 할 확률이 높아. 쎔이 아는 어떤 청년이 있어. 이 청년은 여행을 정말 좋아하는 친구야. 자전거를 타고 동해안 도로를 1박 2일로 달리더라고. 자기 스스로를 이겨 보고 싶다는 것이 유일한 동기였어. 쎔이 보기에 그 무모한 일을 그는 해내더라구. 난 그걸 보고 접근적 동기의 힘을 확신했지.

Q. 주사위를 1회 던질 때 1이 나올 확률을 구하라

주사위는 1부터 6까지 여섯 개의 숫자가 있고, 그중 1이 나올 확률이 얼마인지 구하는 거야. 여섯 중에서 1이 나올 확률이니 답은 $\frac{1}{6}$ 이 되지.

Q. 주사위를 1회 던질 때 1이 나오지 않을 확률을 구하라.

풀이 1) 1이 나오지 않는 확률은 곧 2, 3, 4, 5, 6이 나올 확률을 모두 합한 거와 같아.

2, 3, 4, 5, 6이 나올 확률은 각각 $\dfrac{1}{6}$ 이지. 따라서

$\dfrac{1}{6} + \dfrac{1}{6} + \dfrac{1}{6} + \dfrac{1}{6} + \dfrac{1}{6} = \dfrac{5}{6}$ 라고 답할 수 있어.

풀이 2) 전체 확률은 1이고, 1이 나올 확률은 $\dfrac{1}{6}$ 이니까

1이 나오지 않은 확률은 $1 - \dfrac{1}{6} = \dfrac{5}{6}$ 가 되지.

어떤 시행試行에서 특정 사건 A를 제외하고 발생하는 사건을 A의 여사건이라고 해. 즉, 여러 조건들 중 해당 조건을 지우고 남은 것을 가지고서 답을 구하는 거야.

학생들은 방학이 아닌 이상 어김 없이 학교에 가서 공부를 하게 돼. 그렇다면 학교에 가는 이유가 뭘까? 만약 학교를 다니는 이유가 긍정적인 것이라면, 어려움을 견딜 가능성이 높아. 학교를 가는 이유가 친구가 좋아서, 선생님이 좋아서, 공부가 좋아서라면, 학교에서 생길 수 있는 어려움들, 친구들과의 문제, 시험 성적에 대한 스트레스 등은 감당할 수 있는 가능성이 높아.

반면에 학교 가는 이유가 부모님이 싫어 집을 벗어나고 싶어서,

학교 가는 것 외에 뭘 해야 할지 몰라서 등이 된다면, 그것은 회피적 동기인 거야. 그러다가 학교에서 어려운 일이 생길 때 학교라는 곳을 포기할 가능성이 높아. 많은 아이들이 문과·이과를 선택하게 되지. 그런데 대부분의 아이들이 회피적 동기로 문과와 이과를 선택하는 것 같아. 국어를 못해서 이과를 가거나 수학을 못해서 문과로 가거나.

선택의 문제에서 기억해야 할 것이 있어.

첫째, 내가 원하는 것, 내가 추구하는 가치가 뭔지 명확히 해야 해. 이를 위해서는 자신의 특성을 파악하는 적성검사를 해보는 것이 도움이 되고, 여러 책과 강의를 자신을 들여다보는 확대경으로 삼는 것도 좋아.

둘째, 원하는 것을 얻기 위해 비용과 대가를 지불할 준비가 되어 있어야 해. 비용과 대가에는 경제적인 면도 있겠지만, 목표를 위해 내가 감내해야 할 고통 혹은 노력도 포함돼.

셋째, 내 선택이 나 자신과 이 세상에 기여하고 도움을 주는 것인지 생각해 봐야 해. 내가 죽어서 무덤에 묘비명을 쓸 때 후세 사람들이 나에 대해 어떤 평가를 할지 생각해 보는 것도 좋을 것 같아.

겉으로 보기에는 같은 선택이더라도, 내가 좋아하는 것을 선택한 길과 덜 싫어하는 것을 선택한 길의 결과는 아주 다를 거야.

분산과 표준편차

| 넘버원보다 온리원이 되렴 |

이 세상에 나와 같은 존재는 없습니다.
남을 늘 의식하는 넘버원(No 1)이 아니라, 가장 나다운 모습으로,
이 세상에서 가장 유일한 온리원(Only 1)으로 존재해 주세요.

많은 사람들이 오늘도 최고를 꿈꾸며 열심히 노력하고 있어. 우리는 영웅 이야기를 좋아하지. 뉴스에 나오는 '최연소', '최단기간' 같은 단어가 단어가 마치 우리의 경우가 되길 바라지.

이걸 뒤집어보면, 누구보다 늦거나 더디거나 하는 걸 참지 못하고 부끄럽게 여기는 것 같아. 우리 마음에 '누구보다'라는 비교급이 심겨 있는 거야. 비교를 한다는 것은 남을 의식한다는 거야. 지금 경쟁자는 뭐하고 있을까 늘 궁금해하지.

지구상에 70억 명의 사람이 살고 있다고 해. 만약 네가 모든 사람 중에서 최고가 됐다고 가정해 보자. 그렇다면 이제 뭘 하고 싶을까? 자신을 대견하다고 여기면서 모든 사람들에게 너를 알리고 싶고 그들로부터 존경과 찬사를 받고 싶을 거야.

하지만 세상의 모든 문제를 해결해야 할 숙제가 코앞에서 기다리고 있지. 지구온난화 문제, 교통 문제, 주택 문제, 청소년 문제, 이혼 문제 등등. 네가 제일 똑똑하니까 모두가 너를 바라보며 이런 문제들을 해결해 주리라 기대하겠지. 이때 너를 도와줄 수 있는 친구들이 나타나면 얼마나 좋을까? 두 사람보다는 세 사람이 더 좋을 거야. 이제 같이 문제를 풀어 보자.

Q. 3, 4, 5의 분산과 표준편차를 구하라.

3, 4, 5의 표준편차를 구하기 위해서는 평균을 먼저 구해야 해. 3, 4, 5의 평균은 $\dfrac{3+4+5}{3} = 4$가 되지.

이제 각 자료가 평균과 얼마나 차이가 나는지 알아보자.

자료	3	4	5
평균 = 4	4	4	4
편차(자료 - 평균)	-1	0	1
편차의 제곱	1	0	1

분산은 편차의 제곱의 합을 자료의 개수로 나눈 거야. 즉,

$$분산 = \frac{(3-4)^2 + (4-4)^2 + (5-4)^2}{3} = \frac{2}{3}$$

표준편차는 분산에 루트를 씌운 값이야. 따라서

$$\text{표준편차} = \sqrt{\frac{2}{3}}$$

통계에서 중요하게 다루어지는 개념 중에 산포도가 있는데, 흩어진 정도를 하나의 값으로 표현한 것을 의미해. 바꾸어 생각하면, 모든 자료가 다른 모습으로 흩어져 있다는 거야.

오종철이라는 개그맨이 있어. 지금은 강연자로 널리 알려진 분인데, 한때 그는 어려운 시절이 있었어. 그가 개그맨 공채에 합격하고는 <개그콘서트> 무대를 꿈꾸며 열심히 연습하고 있었어. 하지만 좀처럼 기회가 오지 않았지. 그가 하는 개그가 재미없다는 핀잔을 들었고 조금씩 자신감을 잃고 있었어. 그러던 어느 날 '개그맨 오종철'이 아니라 '오종철의 개그'라고 바꿔 생각하기로 했대. 그리고 이 말을 백지에 쓰는 순간, 그는 적잖은 해방감을 느꼈고, 자신을 억누르던 그 수많은 비교에서 자유로워지기 시작했어. '개그맨 오종철'이라고 하면 사람들은 늘 다른 개그맨들과 비교하는 질문을 했어. 하지만 '오종철의 개그'라고 하자, 사람들은 "그게 어떤 개그예요?"라고 물었어. 그러자 그 스스로도 강한 자신감이 생겼어. '그래, 난 오종철의 개그를 할 거야'라고 다짐하며.[18]

우리는 서로 달라. 각자 특징을 가지고 있지. 자신의 장점을 살리되 남보다 앞서려 하는 넘버원의 모습이 아니라, 나만의 모습으로 나아가는 온리원의 모습이 되면 어떨까?

---

[18] 《온리원》(오종철 저, 북퀘스트)에서.

자기 자신을 찌질하다고 생각하는 사람이 있었어. 그는 사람들과 의사소통하는 것을 무척 어려워했어. 그는 뭔가를 설명할 때 길게 말하고 돌려 표현했어. 그가 하는 브리핑을 사람들은 지루해하고 이해하지 못했어. 게다가 그는 억울하거나 화가 나면 논리적으로 말하지 못하고 감정이 격해지기도 했지. 그래서 프리젠테이션하는 법, 리더십 교육 등을 배워 봤는데 잘 고쳐지지 않더라는 거야.

그러던 중 우연한 기회에 심리학을 공부하기 시작했는데, 그가 버리고 싶었던 찌질함 즉 소심함은 꼼꼼함, 예민함, 섬세함의 다른 모습임을 알게 되었어. 그리고 울컥하는 감정적인 면은 감수성이 풍부한 글을 쓰거나 사람들을 위로하고 격려할 때 중요한 역할을 하기도 한다는 걸 알았지. 그때부터 그는 자기만의 특성을 살려 긍정적인 방향으로 나아가게 되었어.

다르다는 건 틀린 것이 아니야. 넘버원보다 온리원. 삶이라는 문을 재미있고 자유롭게 들어가게 해주는 이 열쇠를 잃어버리지 마렴.

확률의 곱셈정리

| 이겨놓고 싸운다 |

과정은 어차피 거쳐야 해요.
승리를 바라보면 마침내 승리를 맛보고,
실패를 두려워하면 결국 실패로 끝나게 됩니다.

쌤이 여러 사람들에게 전화를 해야 할 일이 있었어. 그런데 많은 전화번호 목록을 보면서 걱정부터 드는 거야. 과연 내 전화를 잘 받아 줄까? 받고 나면 무슨 말을 어떻게 해야 하나? 어떤 사람은 전화를 받았지만, 가끔 전화를 받지 않는 경우도 있었어. 전화를 받지 않은 사람들을 떠올리니 내 속에서 '전화하기 싫다'는 마음이 생기기 시작하더라구. 그리고 나서는 '전화를 해서 뭐하나? 내가 전화하기 위해 태어났나?' 등 별의 별 생각이 다 들기 시작하더라.

그러자 전화하는 것이 더 어려워졌어. 상대가 전화를 받지 않으면 '역시 전화를 안 받는구나'라고 푸념하고 '전화해도 소용없다'는 결론을 내리게 되었지.

사람들의 성향 중에 '완벽주의'가 있어. 완벽주의는 자신의 모습, 자기가 하는 일 그 모든 것에 말 그대로 완벽을 추구하는 거야. 이들이 하는 일은 완벽하고 꼼꼼하고 물 샐 틈 없어. 우리가 알고 있는 전문가들은 대부분 완벽주의 성향이 있다고 보면 돼.

완벽주의는 실수를 절대 용납하지 않아. 야구에서 투수가 잘못 던진 공 하나를 실투라고 하고, 축구에서는 공을 잘못 차면 실축이라고 하는데, 완벽주의는 이런 실수를 허용하지 않아.

그런데 완벽주의가 지나치게 되면 어떻게 되는지 아니? 게으르거나 회피적이게 돼. 그 이유는 완벽주의 뒤에 숨어 있는 좌절감 때문이야. 모든 일을 완벽하게 하려다 보니 갑자기 힘들어져 버리지. 할 일이 커지면서 자기가 해낼 수 없을 거라는 좌절감이 고개를 들지. 그 좌절감을 피하기 위해 친구들과 수다를 떨거나 음악을 듣거나 책을 보기도 해. 그리고 정작 해야 할 일로부터 한없이 비켜서 있게 되지.

> Q 1. 명중률이 0.6인 사격수가 있다. 한 번이라도 성공할 때까지 쏘기로 하였다. 다섯 번까지 기회가 주어질 때 성공으로 끝날 확률을 구하시오.
>
> 2. 명중률이 0.6인 사격수가 있다. 한 번이라도 실패하면 중지하기로 하였다. 다섯 번까지 기회가 주어질 때 실패로 끝날 확률을 구하시오.[19]

명중률이 0.6인 사격수는 열 번 쏘면 여섯 번 맞추는 사격수이

---

19 《수학의 정석》 '확률과 통계' 편에서.

지. 이 문제에서 눈여겨봐야 할 점, 1번의 경우는 '성공할 때까지', 2번
의 경우는 '실패하면 포기하는' 상황이야. 결과가 어떻게 달라질까?

1번 문제 풀이)

1회에 성공하는 경우: $(\frac{3}{5})$

1회에 실패하고 2회에 성공하는 경우: $(\frac{2}{5}) \times (\frac{3}{5})$

1, 2회에 실패하고 3회에 성공하는 경우: $(\frac{2}{5})^2 \times (\frac{3}{5})$

1, 2, 3회에 실패하고 4회에 성공하는 경우: $(\frac{2}{5})^3 \times (\frac{3}{5})$

1, 2, 3, 4회에 실패하고 5회에 성공하는 경우: $(\frac{2}{5})^4 \times (\frac{3}{5})$

모두 더하면 $\frac{3}{5} \times \{ 1 + (\frac{2}{5})^1 + (\frac{2}{5})^2 + (\frac{2}{5})^3 + (\frac{2}{5})^4 \}$

$= (1 - \frac{2}{5}) \times \{ 1 + (\frac{2}{5})^1 + (\frac{2}{5})^2 + (\frac{2}{5})^3 + (\frac{2}{5})^4 \}$

$= 1 - (\frac{2}{5})^5$

$= 0.9876$

2번 문제 풀이)

1회에 실패하는 경우: $(\frac{2}{5})$

1회에 성공하고 2회에 실패하는 경우: $(\frac{3}{5}) \times (\frac{2}{5})$

1, 2회에 성공하고 3회에 실패하는 경우: $(\frac{3}{5})^2 \times (\frac{2}{5})$

1, 2, 3회에 성공하고 4회에 실패하는 경우: $(\frac{3}{5})^3 \times (\frac{2}{5})$

1, 2, 3, 4회에 성공하고 5회에 실패하는 경우: $(\frac{3}{5})^4 \times (\frac{2}{5})$

모두 더하면 $\frac{2}{5} \times \{1 + (\frac{3}{5})^1 + (\frac{3}{5})^2 + (\frac{3}{5})^3 + (\frac{3}{5})^4\}$

$= (1 - \frac{3}{5}) \times \{1 + (\frac{2}{5})^1 + (\frac{2}{5})^2 + (\frac{2}{5})^3 + (\frac{2}{5})^4\}$

$= 1 - (\frac{3}{5})^5$

$= 0.9224$

같은 실력을 가진 두 아이가 있어. 평균 60점을 맞는 실력이야. 한 아이가 성공이란 경험에 전념하기로 했다고 해보자. 그 아이는 한 번 틀리거나 실수를 하더라도, 다시 마음을 먹고 도전하기로 했어. 그러면 다섯 번 시도했을 때 무려 98.76%라는 성공확률을 가지게 되는 거야.

반면에 다른 한 아이는 실패에 집중한다고 해보자. 실패를 경험하면 더 이상 시도하려고 하지 않는 거야. 즉, 좌절감을 맛볼 때 포기하면 92.24% 실패로 끝나게 돼. 즉, 마음가짐이 성공과 실패를 좌우한다고 할 수 있어.

즉, 실력의 차이보다는 한 번의 성공도 성공이라고 보는가 혹은 한 번의 실수나 실패에도 실패자로 낙인 찍느냐에 따라 우리 삶이 달라질 수 있어.

만약 너희가 수학 문제를 한 문제도 틀리지 않고 싶다면? 수학 문제를 안 풀면 돼. 도전하지 않으면 실패도 없어. 수학이라는 장소에 얼씬도 하지 않으면 돼. 학교에서 혼나지 않는 법? 학교에 가지 않으면 되겠지? 부모님께 혼나지 않는 법? 부모님을 안 보면 되지. 우리의 회피적 경향에는 '두려움'이 숨어 있어.

두려움에서 벗어나는 방법은 자신이 유한한 존재임을 인정하는 거야. 나는 신이 아니기에 완벽할 수 없고, 나는 장점도 있고 단점도 있는 사람이며, 결과보다는 과정에 만족한다는 생각으로 임하는 거지. 또 다른 방법은 '실수'에 집중하는 것이 아니라 '도전'에 집중하는 거야.

어떤 일을 하든지 그 끝을 성공으로 마무리할 것인지 실패해서 포기할 것인지 곰곰이 생각해 보자. 결과는 너무나 다를 테니까. 선택은 너희가 할 수 있다는 거 알지?

통계적 추정

| 점수보다 실력을 쌓자 |

시험 결과는 추정값입니다.
내 안에 보존되어 있는 진정한 실력을 높여 나가야 해요.

수능은 참 힘든 과정임이 분명해. 정말 오랫동안 공부한 것을 하루라는 짧은 시간에, 그것도 몇십 문제를 통해 평가하는 거잖아? 많은 아이들이 자기 실력을 제대로 발휘하지 못했다는 것에, 그리고 그 하루의 시험으로 인생을 평가받는다는 기분에 많이 힘들어하는 것 같아.

수능이라는 것은 결국 통계적 추정이야. 추정이란 여론조사처럼 오차가 있을 수밖에 없어. 진정한 실력이 있는데, 몇십 개의 샘플로 그걸 측정하는 시스템이거든. 그래서 평소 실력보다 낮게 나오는 경우도 있고, 운좋게 잘 나오는 경우도 있는 것이지.

고등학교에서 보는 모의고사에 최선을 다해 임해서 자신의 수능 점수에 대한 추정을 좀더 정확하게 해볼 수 있는 것도 도움이 되겠지.

특정 선거후보에 대한 대한민국 모든 사람의 지지율을 조사해야 한다고 해보자. 시간과 비용이 엄청나게 들겠지? 여론조사하다가 선거가 끝나게 될 거야. 그래서 어떤 조사기관에서 한 명의 의견을 듣고서 그것을 대한민국 국민 전체의 의견이라고 발표했다고 해보자. 그 발표를 믿을 수 있을까? 그럴 수 없을 거야. 그러면 10명을 조사한 것과 100명을 조사한 것 중 어느 것을 더 믿을 수 있을까? 100명을 조사한 것을 더 믿을 수 있을 거야. 즉 표본의 크기가 클수록 더 정확해지고 예상폭은 좁아질 거야.

쌤은 너의 시험 점수를 예상할 수 있어. 0점에서 100점 사이야.^^ 틀린 말은 아니지? 그렇게 예상 폭을 넓히면 신뢰도는 높아지지. 만약 쌤이 네 예상 점수를 80점에서 81점 사이라고 말하면 왠지 전문가 같아 보이지? 하지만 그건 틀릴 가능성이 높아. 즉 신뢰도가 낮아지지. 그래서 표본의 크기를 크게 하고 신뢰도를 낮춘다면 예상폭은 좁아지지. 즉 신뢰구간의 길이는 작아질 거야. 그래서 답은 '작아진다'가 맞지.

실력을 쌓자. 시험을 잘 보는 것도 실력이지만, 어려운 상황에서

---

20 《수학의 정석》 '확률과 통계' 연습문제 응용에서.

힘을 내는 것, 실패해도 다시 일어서는 것, 억울하다 하기 전에 자신을 먼저 돌아보는 것, 자신도 힘든 상황이지만 시험 못 본 친구를 위로하는 것도 굉장히 중요한 실력이야. 실력의 종류는 참 다양해. 쌤은 네가 그 실력을 보여 줬으면 좋겠고, 그 실력을 세상에 어필했으면 좋겠어.

어느 시골에 몸이 허약한 남자가 살고 있었어. 그의 집 앞에는 큰 바위가 있었는데 그 바위 때문에 집에 들어가고 나오기가 너무 힘들었어. 어느 날, 하나님이 꿈에 나타나 말했어.

"사랑하는 아들아, 집 앞의 바위를 매일 밀어라."

그때부터 그는 희망을 가지고 매일 바위를 밀었어. 비가 오나 눈이 오나 추우나 더우나 열심히 밀었지. 그런데 1년이란 시간이 지나자 싫증이 나기 시작했고 회의가 생겼어. 바위는 단 1센티미터도 옮겨지지 않았거든. 그동안 했던 수고가 헛수고였으니 원통하고 분해서 엉엉 울었어. 바로 그때 하나님이 말씀하셨어.

"사랑하는 아들아, 왜 그리 슬피 우니?"

"하나님 때문입니다. 하나님 말씀대로 지난 1년 동안 열심히 바위를 밀었는데 바위가 전혀 움직이지 않았습니다!"

"나는 네게 바위를 옮기라고 말한 적이 없는데. 그냥 바위를 밀라고 했을 뿐이야. 이제 거울 앞으로 가서 너 자신을 보렴."

그는 거울 앞으로 갔어. 그는 자신의 변화된 모습에 깜짝 놀랐지. 거울에 비춰진 남자는 더 이상 병약한 사람이 아니라, 단단한 근육을 자랑하는 남자였던 거야.

우리가 매번 시험을 겪으며 그 경험 속에서 삶을 감당할 수 있는 실력이 쌓여가고 있는 건 아닌지 잘 관찰해 보렴.

2.

수영 쌤의 힐링톡

1

정말 억울하고
힘들었겠구나

중학교 3학년 남자아이가 있었다. 세상에서 공부가 제일 싫다는 아이였다. 중학교 1학년 수학을 다시 공부해야 했다. 신기한 건 1학년 1학기 문제는 잘 풀었지만, 그 뒤의 내용은 전혀 모르고 있다는 것이었다.

마침, 학원에서 다른 아이가 방학숙제로 깜지(A4용지에 공부한 것을 남겨 놓는 것)를 하고 있었다. 여름방학 숙제로 깜지 50장을 해야 하는데 개학을 일주일 남겨놓고 밀린 숙제를 하고 있었다.

문득 나는 중3 남자아이에게 깜지 이야기를 꺼냈다.

"어떤 아이가 개학이 다음 주인데 숙제가 밀렸어. 하루 종일 TV만 봤다고 하더라. 너 같으면 그 후배에게 뭐라고 충고하겠니?"

"그냥 생각 없이 하나하나 하면 돼죠."

나는 속으로 '이눔아. 너도 그냥 생각 없이 그렇게 공부를 하지' 생각했다. 그 아이가 대뜸 나에게 물어봤다.

"그런데 깜지 숙제를 왜 한대요?"

"응, 그 반이 꼴찌를 해서 선생님이 그 숙제를 시켰대."

갑자기 아이 눈빛이 사뭇 진지해졌다.

"그 선생님도 깜지 50장을 직접 해봐야 해요. 그 고통을 알아야 해요."

나는 이 아이에게 호기심이 생겼다. 그래서 하던 공부를 멈추고 말을 건넸다.

"그래? 왜 그렇게 생각하지?"

"교장선생님이 어느 날 그 선생님에게 서류 50장을 던져주고 앞뒤로 똑같이 베끼라고 하면 기분이 어떻겠어요? 그것과 똑같은 기분을 느껴봐야 저희가 어떤 심정인지 알 수 있죠."

이 아이가 선생님에 대해 분노하고 있음을 직감했다. 나는 말을 이어갔다.

"그 반이 꼴찌를 해서 숙제를 내줬더구나. 그 선생님 입장은 어떨까?"

"꼴찌는 할 수 있는 거 아닌가요? 그런데 그렇게 벌을 준다고 해서 절대로 성적이 오르지 않아요."

아이는 '절대로'에 힘을 주어 이야기했다.

"그러면 너 같으면 어떻게 할 건데?"

"이야기하는 거죠. '얘들아, 꼴찌는 할 수 있어. 괜찮아. 우리 다음 시험에는 각자 1점씩 올려보자'라고 말하고 싶어요."

아이의 입에서 이런 멋진 말이 나올 줄이야! 나는 내심 감탄하면서 다시 이야기를 이어갔다.

"와~ 멋진데? 너희 학교에는 그렇게 말씀하시는 선생님이 있었니?"

"아뇨. 없었어요. 1학년 때 저랑 친구가 사고를 쳤어요. (그러면서 잘못한 표정을 짓는다.) 그때 2주일 동안 학교 복도에서 반성문만 썼어요. 정말 학교 가기가 싫었죠. 그때는 어렸지만 지금 같으면 학교를 안 갔겠죠. 학교 가는 게 지옥 같았어요."

나는 그 아이가 공부하지 않으려는 이유를 조금이나마 알 것 같았다. 1학년 2학기부터 수학을 포기한 이유도. 반성문을 쓰면서 받은 두려움과 죄책감 등이 무의식 가운데 그를 지배하고 있는 것 같았다. 또한 자신에게 벌 주었던 선생님은 가해자이고 자신은 피해자로 만들면서 그 상황을 합리화했을 것이다. 그러한 무의식의 감정들로 인해 내면에서 '이 모든 게 당신 탓이야'라고 외치며 울고 있는 어린아이가 느껴졌다.

"그때 무척 억울했겠네. 그리고 무섭고 힘들었겠다."

"……."

아이는 한참 동안 말이 없었다.

한 직장인이 있었다. 그는 회의 시간마다 늦었고, 실수를 반복했고, 그럴수록 상사와의 관계가 더욱 틀어졌다. 어느 날 그는 심리상담을 받게 되었다. 그러면서 상사에 대해 '수동적 공격'을 하고 있음을 발견했다. 자신을 지적하는 상사가 미웠던 것이다. 그 미움을 숨기고 있었으나 그것이 무의식 중에 그러한 행동들로 표출되었던 것이다. 또한 그가 어릴 적 아버지로부터 지지받지 못한 기억이 그 상사에게 투사되었다. 그는 아버지를 무시했고, 존중하지 않았으며, 지적을 예민하게 받아들이고 있었다. 마침내 그는 자신의 상처를 발견하고 인정했다. 그리고 조금씩 자신을 변화시키며 새로운 삶을 살아가고 있다.

나는 아이에게 이야기했다.

"용서하자. 너 자신도 용서하고, 선생님도 용서하자."

아이는 고개를 끄덕였다. 나는 한마디 덧붙였다.

"너 같은 아이가 선생님이 되면, 그 반은 정말 좋겠다."

2

너 자신에게 잘하고
있다고 이야기해 줘

수업을 마치며 평소 관심 있게 지켜보고 있던 여학생에게 물었다.

"너 영어학원 새로 옮겼지? 영어 공부는 잘 돼?"

"학원을 또 옮길까봐요."

"무슨 이유가 있니?"

"학원 진도를 못 따라가는 거 같아요."

"그렇구나. 거기서 뭐 배우는데?"

"텝스요."

"텝스? 와~ 그거 무척 어려운데?"

나의 반응에 아이는 신나서 이야기한다.

"네, 어려워요. 틀리는 게 많은데, 틀리면 발표시켜요."

"무슨 발표?"

"틀린 문제를 애들 앞에서 읽고 답해야 해요."

그 학원은 문제를 내주고서 아이들에게 채점을 시킨다고 했다. 그리고 틀린 것이 있으면 아이들 앞에서 틀린 문제의 지문을 읽고 정답을 설명하는 수업 방식을 취하고 있었다. 그 아이는 그 발표를 무지 싫어했다. 나는 '자신이 틀렸다는 사실을 남에게 노출시키는 것이 부담이겠구나'라고 짐작했다. 그런데 발표를 싫어하는 이유는 정작 다른 곳에 있었다. 자기 목소리에 대한 콤플렉스가 있었던 것이다.

그 아이는 중학교 때 공부방에서 친구들과 떠들다가 선생님에게 "네 목소리 정말 듣기 싫어"라는 말을 들은 적이 있었다. 그 이후로 자기 목소리를 내는 것을 두려워했다. 그러다 보니 점점 발표하는 것이 겁이 난다고 했다. 그 아이가 가장 싫어하는 것은 학기 초에 하는 '자기소개'였다. 처음 보는 아이들에게 자신의 목소리를 들려줘야 하는 것이 가장 큰 스트레스라고 했다.

어렸을 적 나에게 가장 큰 스트레스는 학교 행사였다. 학교 임원이라면 선생님들에게 무언가를 보여 줘야 한다는 생각, 우리집은 돈이 없다는 걱정이 늘 있었다. 학교 행사는 부모님을 힘들게 한다고 생각했다. 운동회 날, 저 멀리서 아버지가 음료수 상자를 들고 오시는 모습이 무척이나 힘들어 보였다. 그런 기억으로 인해 지금도 잔치나 파티를 불편해하는 감정이 여전히 남아 있다.

난 그 아이에게 물었다.
"넌 잘하는 게 뭐라고 생각해?"

"할 줄 아는 게 없어요."

"그래?"

"네. 우리 엄마도 저더러 할 줄 아는 게 아무것도 없대요."

"그렇구나."

나에게도 아이가 있다. 아이들은 밥을 먹다가 흘리기도 하고, 그릇을 깨기도 하고, 물을 쏟기도 한다. 그때마다 아이는 겁을 먹는다. 침묵한다. 자기 잘못을 알아채고 부모의 눈치를 살핀다. 부모 입장에서는 번거로운 일을 당한 것이다. 하지만 곰곰이 생각해 보면, 아이들의 잘못과 실수는 그들이 '존재'하기 때문에 있는 것이다. 그리고 아이들이 무언가를 하고 있다는 증거다. 아이들이 없다면 실수와 잘못 자체가 있을 수 없다.

집에 가려는 그 아이를 자리에 다시 앉혀놓고 말했다.

"너 지난 번에 학교 대회에서 입상할 정도로 춤 잘 추잖아?"

"남들 다 잘 추는데요 뭐."

"그러면 상 못탄 애들은 뭐지?"

아이는 말이 없었다.

나는 칠판에 '1. 춤 잘 춘다'라고 썼다. 그리고 이야기했다.

"너 수업시간에 지각한 적 없었는데, 시간 약속 잘 지키지?"

"네. 그런데 그건 당연한 거 아닌가요?"

"날마다 지각하는 애들이 얼마나 많은데?"

"하긴, 그렇네요."

칠판에 또 썼다. '2. 시간 약속 잘 지킨다.'

"너 엄마 말 잘 듣잖아."

"당연히 그래야 하는 거 아니에요?"

"요즘 엄마 말 안 듣는 애들이 얼마나 많은데?"

나는 칠판에 또 썼다. '3. 부모님 말씀 잘 듣는다.'

정리해서 '나는 춤 잘 추고, 시간 약속 잘 지키고, 부모님 말씀 잘 듣는 아이'라고 썼다. 그리고 아이에게 따라 읽으라고 했다. 아이는 죽어도 못하겠다고 손사래 쳤다.

"넌 약속 잘 지키니까 단체 생활을 잘할 것 같고 춤을 잘 추니 걸그룹이 맞겠네. 거기다 부모님 말씀 잘 들으니 효녀고. 이제부터 너의 비전은 '효녀 걸그룹'이다, 알겠니?"

아이는 웃으며 학원을 나갔다.

언어에는 힘이 있다. 지금까지 잘해 왔다고, 지금 잘하고 있다고, 그리고 앞으로 잘될 거라고 스스로에게 이야기해 보자. 가다가 넘어질 수도 있고, 도저히 일어날 수 없다고 여겨질 수도 있다. 하지만 그 모든 것은 '걸어가고 있기에' 겪는 일일 뿐이다.

3

첫 마음을
잊지 마세요

나에게도 슬럼프가 있었다. 학원 아이들은 하나둘씩 줄어갔고, 어머니가 뇌경색으로 119에 실려가셨다. 아버지는 불안감에 술을 드시는 날이 많아졌다. 병든 자가 벌떡 일어난다는 기적은 일어나지 않았다. 조금씩 삶에 감사한 마음을 잃기 시작했다. 자신감도 사라졌다.

내가 그 아이를 처음 만난 건 학원을 시작한 지 얼마 되지 않아서였다. 학원을 시작하기 전에도 동네에서 마주친 적이 있었다. 그의 어머니와 함께 학원에 왔을 때 아이는 내게 말했다.

"저 학원에서 많이 짤렸어요."

아이의 눈빛에서 왠지 모를 슬픔이 느껴졌다. 나에게 신호를 보내는 것 같았다. '아마 선생님도 저를 곧 버리실 거예요'라고. 이후 아이는 학원에 잘 나오지 않았다. 어떤 날은 잠을 잤다며, 어떤 날은 깜박 잊어버렸다며 문자로 죄송하다는 메시지를 보내왔다. 어떤 날은 24시간 잠만 잔 날도 있다고 했다. 내가 전화를 하면 늘 '고객과 연락할 수 없음'이었다.

한번은 그를 데리고 교회 수련회에 갔다. 조용히 분위기를 보던 아이는 차츰 그 분위기에 적응하기 시작했다. 단체 게임에서 아는 영어단어가 나오면, 손을 들면서 큰소리로 외쳤다. 학원에서 볼 수 없던 활기찬 모습이었다.

사람 몸에 병균이 침입하면 몸은 병균과 싸우게 된다. 그로 인해 염증이 생기고, 붓고, 열이 나게 된다. 즉 아프다. 몸이 그 신호를 보내야 우리가 몸을 무리하게 다루지 않게 되고, 몸 또한 그 병균과의 싸움에 집중할 수 있다. 이 아이도 자기 내면에서 벌어지는 일에 무척 집중하고 있는 듯했다.

연락조차 닿지 않던 그가 어느 날 불쑥 찾아왔다. 나는 이야기를 듣고 싶었다. 아이는 요즘 사회에 관심이 많다고 했다. 그러면서 세상의 불합리성을 날카롭게 지적해 나갔다.

"이렇게 세상을 만든 건 모두 정부 책임이에요. 정부가 부동산 관리를 잘못해서 땅값이 올랐고, 그로 인해 부익부빈익빈이 심화되었죠. 서민들은 살기가 점점 힘들어져 가고 부자들만 잘사는 나라가 되었어요."

"그렇구나."

"수학도 못하는 제가 문과가 아닌 이과로 선택한 것은 병신 같은 짓이었어요. 문과는 대학 정원이 줄고 있고, 취직도 잘 안 되는 거 같은데. 대학에서도 순수학문은 점점 폭이 좁아지잖아요."

아이 말에 따르면 그는 세상에서 가장 운이 없는 사람이었다. 나는 이야기를 끝까지 듣고서 충고해 주었다.

"하나님도 네가 이렇게 살기를 바라시지 않을 거야."

그러자 아이가 갑자기 강한 눈빛으로 반박했다.

"선생님. 어떻게 선생님이 하나님의 뜻을 알 수 있죠?"

나는 순간 당황했다. 곰곰이 생각하니 아이의 말이 맞았다. 내가 하나님을 안다고 하지만, 그것은 일부분이다. 하나님이 그 아이로 하여금 겪게 하는 일들의 목적과 뜻을 내가 알 수 없다. 나는 하나님의 이름을 빌려 나의 판단을 이야기했던 것이다. 나는 아이의 말을 듣고서 그를 인정하고 내 잘못을 시인했다.

"맞네. 네 말이 맞네."

그 순간 그는 나를 친구로 받아들여 주었다. 자신을 인정해 주었기 때문이다. 나는 문득 그에게 내 이야기를 해줘야겠다는 생각이 들었다. 자꾸 줄어드는 원생 때문에 골머리를 앓았고, 내 지도 방식에 대한 회의가 나를 엄습했다. 그리고 결국 학원을 정리하겠다는 결정을 내렸다. 이런 고민을 학원 원장이 학생에게 털어놓는 진풍경이 연출되었다. 내 이야기를 곰곰이 듣던 아이가 입을 열었다.

"저는 선생님을 대할 때 다른 선생님들과는 다른 느낌이었어요. 그리고 학원의 위치가 사거리에서 멀리 떨어져 있고 잘 보이지 않는 곳이잖아요? 강남이나 목동도 아니고요. 선생님에게는 뭔가 다른 뜻이 있을 거라고 생각했죠. 실제로 가르치시는 모습도 그렇구요."

"그렇게 말해 주니 고맙구나. 그런데 아이들 수가 줄어서 힘이 빠지네."

"그러면 많은 일들 중에서 선생님이 굳이 학원을 하려고 한 이유가 뭐예요?"

"……."

나는 아이들을 만나고 싶었다. 그 가장 빠른 방법이 학원을 하는 거였다. 아이들에게 내 이야기를 들려주고 싶었고, 그들의 이야기를 듣고 싶었다. 공부도 같이 하고 싶었다. 모르는 것을 물어보면 대답해 주고, 같이 고민하고, 내가 살아온 이야기를 해주고 싶었다. 아이들이 꿈꾸던 서울대학교를 졸업하고 대기업에 다니던 이야기, 그 안에서 겪었던 갈등들, 어려움들. 그리고 우리 자신이 얼마나 소중하고 가치 있는 존재인지 알려주고 싶었다.

"선생님, 첫 마음만 잊지 않으시면 돼요."

나는 고개를 끄덕였다.

"죄송해요. 나이 어린 제가 모든 걸 아는 것처럼 이야기했네요."

"아냐. 난 너한테 진심으로 고맙다."

이후 그 아이는 연락 두절에서 연락 가능으로 바뀌었다. 수능 준비를 어떻게 해야 하느냐며 물어보기도 했고, 스스로 계획을 세워 내게 보여 주기도 했다. 내면의 싸움에서 벗어나 고개를 들고 현실을 걸어가기 시작했다.

4

넌 가진 것이
많은 아이야

그는 고3 여름이 되어 수능 준비를 하겠다고 찾아왔다. 수능까지 남은 기간은 6개월. 이 기간 안에 모든 과목을 준비한다는 것은 현실적으로 어려운 이야기였다. 고등학교 1, 2학년 과정은 거의 공부하지 않았다. 아이도 부모님도 이 사실을 잘 알고 있었다.

'희망 고문'이란 말이 있다. 안 될 걸 알면서도 될 것 같다는 희망을 주어 상대를 고통스럽게 하는 것을 의미한다. 6개월 안에 다른 아이들이 3년 이상 준비한 수능을 준비한다는 것. 그들에게는 희망 고문이 아닐까 하는 걱정이 들었다. 가장 늦었다고 생각할 때가 가장 빠르다는 말로 위안을 주면서도, 늦어 버린 이 상황을 어떻게 설명해야 할지 고민되었다.

아이와 함께한 지 얼마 되지 않아 그의 어머니로부터 전화 한 통을 받았다. 수시 원서를 쓰기 위해 담임선생님과 상담했는데 무척 자존심이 상하신 것 같았다. 지금 성적으로는 갈 대학이 없다는 말을 듣고 (알고 있는 사실이었지만) 절망하신 듯했다. 그리고 이 절망감을 받아들이기 어려워하셨다. 그리고 그동안 아들에게 관심 갖지 못한 죄책감으로 무척 힘들어하셨다.

나는 아이의 특징과 장점을 말씀드렸다.

"이 아이는 상황에 따라 자신의 행동을 수정할 줄 아는 전형적인 매너남 스타일입니다. 게다가 자신의 목표를 간호사라고 하니 잘 어울리죠. 다만 주변을 너무 살피다 보면 자기 본모습을 이야기하지 못할 때도 있지만, 그것도 타고난 성품이기에 좋은 곳에 쓰일 거라 생각합니다."

"지금 성적으로 대학에 갈 수 있을까요?"

"노력도 해야 하고 운도 좀 따라야 합니다. 올해 대입으로 승부를 보기보다는 장기적으로 현장과 학업을 병행해 나가면 좋을 것 같고요. 요즘은 편입제도나 사이버대학 등이 잘 알려져 있어 여러 길이 열려 있습니다."

"너무 늦은 건 아닌가요?"

"늦은 건 없죠. 저도 마흔이 넘은 이제야 새로운 공부를 합니다. 아드님에게는 본인이 하고 싶은 일이 확실히 세워져 있으니, 길이 꼭 열릴 겁니다."

우리는 목표를 갖는다. 그리고 그것을 위해 가장 빠른 길을 계획한다. 그러나 주위를 살펴보면 수없이 많은 길들이 있다. 우리가 생각지 못했던 길들. 지금 이 순간도 내가 생각하고 예상한 것과는 다른 길들을 만나게 된다. 이미 지나쳐 버린 사거리를 돌아보면서 후회하며 주저앉는 것이 아니라, 새로운 경로로 안내받아 흥미진진한 마음으로 나아갈 수 있다.

이 아이의 꿈은 남자 간호사였다. 그는 키가 180이 넘는 건장한 체구의 호남형이다. 내가 청소를 하면 늘 옆에서 도와주고, 그에게 부탁을 하면 무척 기뻐하는 성격이었다. 그 아이를 보면서 재활병원에서 어르신들의 재활을 돕는 재활치료사의 모습이 그려지곤 했다. 할머니들이 잘생긴 이 청년을 얼마나 좋아하실까? 나는 어머니와의 통화를 마치고 아이를 상담실로 불렀다.

"방금 어머니와 전화통화를 했어. 학교에서 상담을 하셨더구나."

아이는 긴장한 듯했다. 그리고 고개를 숙였다.

"넌 너의 장점을 뭐라고 생각해?"

"……."

"넌 내가 학원 마치고 정리할 때면 늘 도와주려 하더라. 공부에 대해서 나쁜 감정도 별로 없고, 어머니와의 관계도 좋고. 간호사가 꿈이라고 했지? 네 성격에 참 잘 어울리는 거 같아."

"감사합니다."

"누군가에게 도움을 주고픈 네 마음. 180이 넘는 키와 체구. 눈치 빠른 센스. 넌 정말 훌륭한 간호사가 될 준비가 되어 있어. 난 이것들이 네가 가지고 있는 자산이라고 생각해."

우리는 우리가 가진 것을 잘 보지 못한다. 앞만 보거나 위만 보려고 한다. 그토록 바라던 것이 이루어지면 어느새 새로운 목표를 세

운다. 항상 우리 눈에는 가지지 못한 것이 가장 먼저 띈다. 그것을 얻기 위해 지금 이 시간에도 이를 악물고 노력하고 있는지도 모른다.

"거꾸로 생각해 봐. 어떤 아이가 공부는 정말 잘하는데, 누군가를 도울 마음도 없고, 자기 몸이 아파서 남 도울 형편도 못되고, 사람들 눈치도 잘 살피지 않아. 이런 사람이 간호사가 되었다고 해보자. 그 자신에게나 다른 사람에게 얼마나 골치 아픈 일이 일어날까?"

"그렇네요."

"넌 그 친구에게 없는 그것들을 이미 가지고 있잖아. 난 네가 부럽다. 가진 게 많아서."

아이는 쑥스러운 듯 웃었다.

세상의 축복은 가진 것으로부터 시작한다. 성경에도 모든 축복은 작은 것에서 시작한다고 했다. 속담에 '천리 길도 한 걸음부터'라고 하지 않았는가? 나는 그 아이에게 한마디 덧붙였다.

"지금부터 세상을 '간호'하려고 해봐. 그렇게 네가 하고픈 걸 하나하나 하다 보면 세상은 너에게 '간호사'라는 타이틀을 줄 거야."

아이는 표정이 밝아졌다. 공부를 다시 시작했다. 결국 자신이 원하는 간호학과에 입학해 꿈을 펼치게 되었다.

5

나에겐
네가 합격이야

결과는 불합격이었다. 그는 그 학교에 지원 여부를 놓고 고심했다. 경쟁률도 높은 데다 전국에서 우수한 학생들이 몰린다는 부담이 있었다. 가족들은 이것을 감당할 마음의 준비가 되어 있지 않았다. 합격을 해도 걱정이었고 그렇지 않아도 걱정이었다. 가족들은 어떤 경우라도 혼란을 가중시키지 않기 위해 포커페이스를 유지하려 애쓰고 있었다.

어머니는 자상하고 사려 깊으며 자녀를 믿어 주는 스타일이었다. 하지만 모든 결정을 아들에게 의존하고 있기도 했다. 그리고 정보가 부족하여 아이를 이끌어 주지 못함을 안타까워했다. 반면에 아이는 세상이 원하는 길을 나이보다 빨리 나아가고 있었다. 대학생이 보는 영어 시험의 우수한 점수를 받아 놓았고, 수학 실력도 고등학교 과정을 넘보고 있었다. 그의 영어 점수는 당장 대기업에 취직할 수 있을 정도였다.

아이는 스포츠를 좋아했다. 특정 야구팀에 대한 정보를 줄줄이 꿰고 있었다. 체구는 그리 크지 않았다. 운동을 열심히 악착같이 잘했다.

하지만 아이는 어딘가 편안해 보이지 않았다. 자신의 높은 점수가 인정받지 못하면 어떡하지 하는 불안감인 듯 보였다. 자신의 성적으로 자기를 어필하려는 모습이 강하게 보였다.

성향은 내향적이었다. 그리고 현실적이었다. 감정을 잘 읽으면서 유연한 사고방식을 지녔다. 자상하고 사려깊다는 소리를 듣지만, 자기 의견을 주장하는 데는 약했다. 감정에 충실하기 때문에 자기 이야기를 받아주면 편안해했다. 겉으로는 의견이 없는 것 같으면서도 내면 깊은 곳에 그것을 감추어 놓았으며, 자상함 뒤로는 치밀한 계산을 하기도 한다.

이 아이에게는 실패의 경험이 필요했다. 성장을 위해서다. 그의 가족은 모두 반대했으나 난 그에게 높은 학교에 도전해 볼 것을 권했다. 원서를 한번 넣어보라고 했다. 그리고 나의 바람(?)대로 아이는 그 학교에 불합격했다. 불합격 소식을 전하는 그의 얼굴 표정에는 아무 변화가 없었다. 담담해했다.

"기분이 어떠니?"

"아무렇지도 않은대요."

이미 마음속으로 수많은 합리화를 한 듯했다. 아이의 마음속에서는 부러우면 지는 거고, 화를 내도 지는 거였다. 지고 싶지 않았을 것이다. 이 상황을 받아들이는 것이 아니라 교묘히 피해 가려 했다. 그 학교는 자신의 운명에 없던 것이고, 돈 많은 아이들이나 다니는 곳이고, 부모님도 자신을 지원할 능력이 없어 애초부터 반대했던 것이라 되뇌었을 것이다.

나는 아이에게 물었다.

"넌 이기는 게 좋니, 아니면 지는 게 싫으니?"

좀 당황해하는 듯싶었다. 한참 생각하더니 입을 열었다.

"지는 게 싫죠."

"쌤이 절대로 지지 않는 법을 알려줄까?"

"네."

"도전하지 않으면 돼."

아이는 어이없다는 듯 피식 웃었다. 무슨 말인지 알아챈 듯했다.

"지지 않는 것에 집중하다 보면, 익숙한 것만 하고, 질 것 같은 상대에게는 아예 덤비지 않고, 약한 애들하고만 상대하면서 승수를 쌓으면 되지. 그러고는 내가 세상에서 가장 강하다고 생각하지만, 실은 그렇지 않아."

아이는 내 이야기를 가만히 듣고 있었다.

"난 이번 불합격이 참 기쁘다. 넌 어떻게 받아들일지 모르겠지만."

"……."

"기분이 어때?"

"잘 모르겠어요."

"좋은 기분이 들어, 나쁜 기분이 들어?"

"나쁜 기분이죠."

"그러면 이렇게 한번 말해볼래, '나는 이 결과가 실망스럽다'고."

아이는 잠자코 듣는다.

"엄마한테 뭐라고 했어?"

"아무 얘기도 안 했는데요."

"이야기해 봐. 나는 이 결과가 실망스럽다고. 하지만 도전해서 후회는 없다고."

"네."

"네 실력은 변한 거 없어. 불합격 소식을 받기 전의 너나, 지금의 너나, 네 실력 도망간 거 없다. 적어도 내가 보기엔 그래."

"네."

아이는 편안하게 웃었다.

"다시 태어나도 그 학교 다시 도전할 거지?"

"네."

"도전했으면 됐어. 네가 승리한 거고, 넌 합격한 거야. 나에겐 네가 합격이야."

불합격이란, 도전했다는 뜻이다. 목표를 향해 기대하고, 노력하고, 좌절도 하고, 다시 일어나 본 경험들. 그러한 모든 것들이 삶에서 소중한 재산이 될 것이다.

6

얼마나 힘들면
게임만 하겠니?

"얘는 매일 게임만 해요."

식당에서 만난 그의 엄마와 누나의 하소연이었다. 함께 밥을 먹던 아이는 말없이 입으로 밥만 우겨넣고 있었다. 나는 그의 어깨를 툭 치면서 이야기했다.

"얼마나 힘들면 게임만 하겠니?"

그는 재수생이었다. 하지만 재수하고 나서도 결과가 좋지 않았다. 가족은 그를 위해 지원과 헌신을 아끼지 않았지만, 결과는 가족들을 만족시키지 못했다. 그는 졸지에 죄인이 되어 버렸다. 죄인은 마땅히 벌을 받는다. 그 죄로 인해 과거에 했던 모든 행동들이 죄목이 될 수도 있다. 잠시 만화책 본 것도, 컴퓨터를 한 것도, 핸드폰을 만지작거린 것도, 친구들을 만난 것도 모두 죄였다.

그 아이는 아파하고 있었다. 가족들을 실망시켰다는 생각에 힘들어하고 있었다. 이 상황을 누군가와 이야기하고 싶었지만, 이해해줄 만한 사람이 아무도 없었다. 자신을 위해 희생하는 가족들에게 미안했다. 그러면서도 어떻게든 살아보려고 했다.

다음 날 그가 내게 찾아왔다.

"힘들어요."

"그렇구나."

우리는 원하든 원치 않든, 사람들과 관계를 맺으며 살아가게 된다. 그러면서 불가피하게 경쟁 속으로 들어가게 된다. 우리가 하는 많은 것들이 평가되고 수치화된다. '나'라는 존재는 등수라는 숫자로 불리고, 숫자로 불려진 우리는 누구보다 크거나 작다는 평가를 받아야 한다. 그리고 (우리가 원하지 않는) 목표라는 것이 주어지며 그곳을 향해 달려간다. 목표를 달성하면 가치 있는 존재이며, 더 높은 목표를 부여받는다. 목표에 달성하지 못하면 불필요한 존재로 낙인찍히게 된다.

"돌아버리겠어요"

"돌아버리지. 네 맘 안다."

자신의 거친 언어를 맞장구 쳐주니 안심하는 듯했다. 그는 자기 이야기를 하고 싶어 했다. 하지만 그 언어를 아무도 이해하지 못했다. 자신의 감정을 지지받았다면 그 아이는 굳이 게임과 만화책에 빠지지 않았을 것이다. 가족들은 그런 모습을 보며 의지 없고 목표도 없고 게으르다고 판단하고 있었다. 이번 시험 결과도 그런 삶의 태도들 때문에 벌어진 거라 확신하고 있었기에 이참에 그 습관들을 고치려고 단단히 벼르고 있었다. 하지만 그러면 그럴수록 그는 더 깊이 숨어 버렸다.

성격 유형을 보니 그 아이는 내향적·추상적이며 사고형·인식형이었다. 자기 의사를 잘 표현하지 않았지만 마음속에 다양한 아이디어를 가지고 있고 스스로에게 포용력이 무척 높은 유형이다. 겉으로 보면 정리 정돈을 잘 못하고 현실성 없는 일에 몰입하면서도 자기 생각이 확고한 타입이었다. 본인이 불리한 상황에서 외향적인 아이라면 투쟁을 하면서라도 자신을 지키지만, 그 아이는 침묵과 회피라는 방법으로 자기 자신을 보호하고 있었다.

사람은 고통을 당하면 고통을 줄이는 방법을 찾는다. 그 아이는 잠, 게임, 만화책을 탈출구 삼았다. 잠은 쉼을 주고, 게임은 그의 통제 안에 들어오는 세상을 제공했다. 자기 명령을 잘 들어주는 또 다른 자신이 게임 안에 있었다. 게임은 승리의 희열과 성취감을 선사했다. 하지만 가족에 의해 게임하는 것이 제지받고 있었다. 만약 만화책마저 억압당한다면 그는 또 다른 탈출구를 준비할 것이다.

나는 아이에게 말했다.

"지금 넌 무척 괴로운 상황이구나. 그래서 그 괴로움을 벗어나고 싶어하고 있지. 그런데 그건 아주 자연스러운 현상이야."

나는 그의 모습을 바라보고 언어로 정의하고 표현해 주었다. 그러자 그도 자기 자신에게 솔직할 수 있었다. 다시 도전해 보고 싶다는 욕구를 발견하고 확인할 수 있었다. 그러면서 동시에 도전을 두려워하고 있음을 알 수 있었다.

그의 삶을 90분 축구경기에 비유해 보면, 전반 20분이 지났다. 그리고 두 골을 먹었다. 이대로 가면 열 골을 더 먹을 것 같다. 그러고는 인생이라는 축구경기에서 참패할 것 같은 두려움이 일었다. 하지만 축구에 플레이 메이커가 있듯, 우리도 삶을 조율하고 이끌어나갈 수 있다. 최대한 공을 소유하고 돌리면서 기회를 찾아야 한다. 연습한 대로 해나가는 것이다. 그러다 보면 기회가 생기고, 기회가 생기면 슈팅도 날리는 것이다.

그렇게 했을 때 헛발질이 될 수도 있고, 상대 골키퍼가 막아낼 수도 있다. 패스를 통해 계속 기회들을 노려 나가는 것이 중요하다. 내가 한 골 먹힐 수도 있다. 뭐, 그러면 어떤가? 내가 지금 인생이라는 그라운드에서 땀을 흘리며 뛰고 있다는 것. 경기를 마치면 시원한 샤워와 휴식이 기다리고 있다는 것. 내가 뛰는 모습이 누군가에게는 희망일지도 모른다는 것. 이런 생각들이 우리를 기쁘게 하지 않는가?

난 그가 다시 도전했으면 한다. 과연 누가 알 수 있을까? 이 게임이 시원한 역전승으로 마무리될지.

7

정말로 원하는 것이
무엇이니?

아이는 다시 대학에 도전하겠다고 반수를 시작했다. 하지만 수능이 두 달 남은 마지막 모의고사에서 수학 점수가 더 떨어졌다. 지난해 수능에서 원하는 곳에 가지 못했기에 이번 결과에 무척 초조해했다. 모의고사 결과에 울고 있는 아이를 본 부모님은 밤늦게 내게 전화해서 SOS를 쳤다. 다음 날 그 아이를 만났다.

"가고 싶은 학교가 어디고 전공이 뭐니?"

"가고 싶은 대학교는 있는데, 성적이 안 돼서 점수가 가장 낮은 과를 가려고요."

"너, 긍정의 힘을 믿지?"

"네."

나는 내 아들과 있었던 이야기를 들려주었다.

하루는 아들 승준이와 용산역을 다녀오게 되었다. 근처 쇼핑몰에서 승준이는 한 곳을 멍하니 바라보고 있었다. 손바닥만 한 미니카가 두 평 정도 크기의 트랙 안에서 경주하고 있었다. 당시 초등학교 1학년 승준이의 꿈은 '자동차 디자이너'였다. 나는 직감했다. '저걸 사달라고 조르겠구나'라고.

아니나 다를까 승준이가 애처로운 눈빛으로 말했다.

"아빠. 나 저거 사주면 안 돼요?"

"지금은 안 돼."

승준이가 울기 시작했다. 정말정말 갖고 싶다고 애원했지만, 나는 안 된다고 했다. 한참을 울다가 승준이가 체념한 듯했다. 집에 돌아와서도 풀이 죽어 있었다.

그다음 날 아침, 승준이는 좋은 일이 생겼다고 했다. 아들의 손에 팔이 부러진 오래된 로봇 장난감이 들려 있었다.

"아빠. 나 이 로봇 장난감이면 충분해요. 어제 미니카 필요 없어요."

승준이는 밤새 미니카를 생각하다가 포기한 듯했다. 아빠가 안 된다고 하니까 고장난 로봇으로 만족하려 애쓰고 있었다. 나는 승준이를 안고서 눈을 보면서 이야기했다.

"승준아. 너 정말 그 로봇으로 되겠어?"

승준이는 고개를 끄덕였다.

"그런데 만약 아빠가 어제 본 미니카를 사주면 승준이는 어떨 거 같아?"

그랬더니 아들의 표정이 밝아지면서 말했다.

"그러면 너무 좋죠!"

실은 나는 미니카를 사주려고 했었다. 미니카보다 비싼 미니카 트랙도 가지고 있었다. 예전에 교회에서 청소년 전도용으로 쓰기 위해 미니카 트랙을 사놓았는데 아직 사용하지 않고 있었다. 나는 다음 날 퇴근 길에 매장에 들러 미니카를 사서 귀가했다.

승준이는 너무나 기뻐 춤을 추면서 환호성을 질러댔다. 그처럼 좋아한 걸 본 적이 없었을 정도로. 아빠로서의 기쁨은 무척 컸다.

"내가 아들이랑 이런 일이 있었어."

이야기를 듣던 아이가 대답했다.

"정말 좋았겠네요."

"넌 대학의 그 과를 '정말로' 가고 싶니?"

'정말로'를 강조하며 물었다. 아이는 망설였다.

"정말로 원하는 것이 있고 그걸 애타게 바라면, 언젠가 가장 적절할 때에 반드시 이뤄질 거야."

나는 덧붙였다.

"너의 목표에 'Best' 그리고 'World'를 넣어 보렴."

그날 이후 아이는 '영국 유학 후 기업을 설립해 청년들을 구제하는 사장님'을 꿈꾸기 시작했다. 그리고 그해 원하는 과에 합격했다.

8

너를 이해해 주는
사람이 필요했구나

　지역에서 명문 학교라고 소문난 학교에 다니는 아이가 있었다.
그 학교는 기숙사에서 밤 12시까지 공부하고, 아침 일찍 일어나 아
침 운동도 하는 등 타이트한 관리형 학교로, 소위 '스카이 대학'을 많
이 보내는 곳이었다. 나는 그 아이와 학습 계획을 의논하려 했으나
아이는 어느 때는 쉬고 싶다고 하고 어느 날은 친구 집에서 잔다며
미루었다. 그런 모습을 보는 어머님은 조급해하고 계셨다.

　어머니와 함께 상담 자리에 온 아이는 불편한 심정을 여과 없이
표출했다. 그의 말을 빌리면, 자기가 다니는 학교가 '못된' 관리 시
스템을 갖추고 있고, '못된' 자습 시간을 실행하고 있고, 비합리적이
며 부적절한 제재를 가하고 있었다. 아이는 '자퇴'라는 말을 입에 올
리며 복수하고픈 마음을 표현했다. 한편으로는, 명문 학교라 불리는

그 학교의 시스템에 적응하지 못하는 자신을 무척 한심해했다.

그 모습을 보면서 지난날 나 자신을 생각했다. 대한민국 최고라는 학교를 졸업하고 전 세계에서 손꼽히는 직장에 다니고 있었지만, 나는 적응하지 못하고 있었다. 그런 상황에서 나를 지키자니 회사를 죽여야 했고, 회사를 인정하자니 나 자신을 죽여야 했다. 회사란 이윤 추구를 위해 개인이 희생되어야 하는 2차 집단이라며 늘 불평했다. 물론 나 자신을 한심하게 여기기도 했다. 내가 무엇을 선택해도 내 마음은 불편한 상황이었다.

어느 학원 관계자로부터 들은 이야기가 있다. 아이들이 학원을 그만둘 것 같으면 오히려 과제를 더 많이 주면서 강하게 나가라는 것이다. 학원을 그만두는 아이로부터 "그 학원 빡세서 그만둔다"라는 소문이 나게 하면 학부모가 더 몰릴 거라는 이야기였다. 아이의 상처가 마케팅 도구가 되는 것이다.

세상은 사람들을 승자와 패자로 구분한다. 승자는 모든 것을 가져가고, 패자는 모든 것을 잃는다. 그러다 보니 패자는 비참하고, 승자도 편하지만은 않다. 내가 옳으려면 상대가 나쁜 사람이 되어야 한다. 남이 옳게 되면 내가 나쁜 사람이 된다. 이러한 기준으로 돌아가는 세상에서 끊임없이 상처를 주고 받는다.

나는 아이에게 '용서'를 권했다. 누가 때리면 맞으라고 했다. 우리 힘으로 그걸 공평하게 하려 하지 말자고 했다. 네 힘으로 학교를 없앨 수도 없으며, 만약 학교가 너에게 정말 잘못하고 있다면 누군가가 널 대신해 혼내줄 거라고. 덧붙여 너 자신의 지금 모습을 사랑하고 이해해 주라고 했다. 그러면서 내가 직장 다니면서 어려웠던 이야기, 아픈 경험, 에피소드 등을 이야기해 주었다. 아이는 조금씩 눈을 마주치기 시작했다.

"네가 가장 필요한 게 뭐니?"
한참을 망설인 끝에 아이가 대답했다.
"저를 이해해 주는 사람이요."
이야기를 듣던 어머님이 고개를 떨구고 흐느끼기 시작했다.
그 순간 아이는 어려운 학교 문제를 통해 어머니의 사랑과 이해를 얻었다. 명문 학교를 보내야겠다는 생각, 여기에 적응하지 못하는 모습을 보며 느끼던 죄책감에서 자유로워지는 순간이었다.
아름다운 진주를 얻기 위해 진주조개에 일부러 상처를 낸다고 한다. 그 상처가 아물면서 진주가 생기듯 아이가 겪고 있는 지금의 어려움 또한 비슷하다. 나는 30대 중반이 되어서야 겪었던 것을 벌써 겪어내며 진주를 만들어 내고 있는 것이었다.
아이는 후련한 표정으로 자리에서 일어섰다. 그의 어깨에 손을 올리며 인사말 해주었다.
"지금은 이해 못 하겠지만, 이 순간을 추억하며 감사할 때가 올 거야. 힘을 내보자."

9

실패를 이겨야
진짜 성공이야

아이 엄마로부터 전화가 왔다. 아이가 시험을 망쳤다며 하루 종일 울었다고 했다. 중학교 입학해서 본 첫 시험. 이 첫 시험이 학교 생활을 좌우하기에 무조건 첫 시험은 잘 봐야 한다는 말이 있다. 아이는 초등학교 때 전교 어린이회장을 할 정도로 리더십이 있었고, 스스로도 이번 시험에 기대를 많이 하고 있었다. 나는 어머님과 전화를 끊으면서 아이를 학원에 꼭 보내달라고 당부했다. 다음 날 아이가 왔다.

"어제 엄마한테 들었어."

"……."

"시험 못봐서 속상하지?"

"네."

"첫 시험이라서 잘 보고 싶었을 텐데."

"네."

나는 이야기를 이어갔다.

"네가 무엇이든지 할 수 있다고 해보자. 그리고 네가 정말정말 좋아하는 아이가 있어. 만약 그 아이에게 딱 한 번은 시험을 못보게 해야 한다면, 중학교 1학년 첫 시험을 못보게 할까, 아니면 고등학교 3학년 마지막 시험을 못보게 할까?"

"중학교 1학년 첫 시험이요."

"나도 그렇게 생각해. 지금의 시험 점수가 영원할 것 같지만, 쌤도 중학교 1학년 중간고사 시험 점수를 기억하지 못해. 그래도 아무렇지 않게 잘 살아가고 있어.

너를 주저앉게 하는 생각을 알려줄까? 먼저 이 상황을 다른 누군가의 탓으로 돌리는 거야. 선생님이 시험 문제를 어렵게 냈다든지, 선생님이 가르쳐 주지 않은 것만 나왔다든지, 엄마가 학원을 잘못 택해서 그랬다든지, 학교가 후졌다든지 등. 그러면 모든 잘못은 남의 탓이 되고 넌 잠시 마음이 편하게 될 거야.

두 번째는 자기 탓을 하는 거야. 나는 원래 이 모양이고 이거밖에 안 돼, 내가 이럴 줄 알았어, 드디어 올 것이 왔어 등.

세 번째는 현실에서 도망가 버리는 거야. 이런 시험을 봐서 뭐해, 이 동네에서 잘해봤자 뭐해 등. 그동안 해왔던 것들을 부정하고 회피하면서 쿨한 척하는 거야."

아이는 끝까지 이야기에 경청했다.

"이 세 가지의 공통점이 뭔지 아니? 바로 '두려움'이야."

성경에는 '두려워하지 말라'는 말이 365번 나온다. 인간의 두려움은 결국 죽음에 대한 두려움이다. 내가 시험을 못 볼까 봐 두렵고, 그로 인해 세상에서 낙오자가 될까 봐 두렵고, 부모님 사랑을 못 받을까 봐 두렵고 그래서 결국 쓸모없는 존재가 될까 봐 두려운 것이다.

"쌤이 바라는 게 있는데, 첫 번째는, 시험을 잘 보고 싶었다고 솔직하게 인정하는 거야. 내가 하고 싶은 것을 솔직하게 이야기하는 거지. 공부 잘하고 싶잖아? 안 그래?

두 번째는, 이번 결과에 실망했다고 나와 부모님께 솔직히 이야기하는 거야. 더 잘 보고 싶었지만 그러지 못해 속상하다고. 괜히 쿨한 척하지 않았으면 좋겠어. 실망한 건 사실이잖아. 실망해도 괜찮아. 감정이야 느끼라고 있는 거니까.

세 번째는, 이 결과가 나에게 바라는 것이 무엇인지 생각해 보는 거야. 이 결과를 통해 내가 어떻게 바뀔 것인지 생각해 보자. 우리는 방학 전부터 공부했잖아. 내가 가르쳐 주지 않았는데 너 혼자 문제집을 다 풀었지. 다만 우리가 시험 전날에 총정리를 안 했더라. 다음에는 시험 전날에 총정리를 같이 해보자."

아이가 잠자코 이야기를 들었다.

"너도 동의하니?"

"네."

우리는 이렇게 하루 수업을 마쳤다.

그로부터 몇 달 후, 아이로부터 문자가 왔다.
'쌤. 이번 시험 100점 받은 것 같아요. 기분 대박이에요.'

10
네가 본 것이
맞는 거야

함수 단원 진도를 나가는데 아이가 표정이 없었다. 알아듣지 못하는 것 같았다. 나는 문득 핸드폰을 꺼내 내밀며 말했다.

"쌤이 페북을 하는데 내가 쓴 글을 찾고 싶은데, 방법이 있을까?"

아이는 페이스북으로 들어가 '나의 활동로그'를 보여 주면서 여기서 찾을 수 있을 거라고 했다. 나는 다시 물었다. '심형래'를 검색해서 내가 쓴 글을 찾을 수 있냐고. 아이는 난감해하면서 그건 아마도 어려울 것 같다고 했다.

"그렇구나. 검색 기능이 없는 페이스북에 대해 두 가지 반응이 가능하겠다. 검색 기능 있으면 좋겠다고 바라거나, 검색 기능이 없다고 불평하거나. 페이스북에 검색 기능이 나올까 안 나올까?"

"글쎄요."

"나는 나올 거라고 생각해. 왜냐하면 필요하니까."

아이는 나의 말에 동의했다. 난 말을 이었다.

"뭔가 불편한 것이 있다면 두 가지 중 하나의 반응이 가능하겠네. 불편하니 더 이상 그것에 관심을 두지 않거나, 이러저러하게 상황이 바뀌었으면 좋겠다고 바라거나. 그런데, 넌 불편해도 이야기하지 않고 꾹 참고 있는데?"

"……."

"수학은 편리한 도구니까 사용하는 거야. 네가 수학의 '소비자'가 되어서 수학에게 당당히 요구해 봐. 수학이 불편하면 사용하지 않으면 돼. 아니면 수학이 이렇게 되었으면 좋겠다고 이야기를 해보자."

그러고서 나는 그림을 하나 그렸다.

"이 그림은 특징이 뭐니?"

"휘어 있네요?"

"맞아. 휘어 있지? 또 오른쪽으로 갈수록 올라가지?"

"네. 그렇네요."

수학 진도를 나가는 것이 목적이 아니었다. 아이가 보고 듣고 느끼고 있는 것을 나 역시 그렇게 보고 듣고 느끼고 있다는 사실을 이야기해 주고 싶었다. 짧은 시간에 많은 지식을 전달해야 한다는 관점으로 본다면, 나의 수업은 비효율적이다. 하지만 이 아이를 위해서는 비효율적이어야 했다.

겨울이면 종종 수도관이 추위에 얼어 터진다. 수도관을 얼지 않게 하려면 수도꼭지를 조금 열어 소량의 물을 흘려보내야 한다. 아이들의 마음이 닫히고 막히지 않게 하려면, 가느다란 물줄기라도 늘 흐르게 해야 한다. 아이들은 스스로 마음을 확장시킬 충분한 능력을 가지고 있다.

나는 두 개의 그림을 그리고서 물었다.

"두 개는 서로 어떤 상태니?"

"왼쪽 그림은 오른쪽으로 갈수록 올라가고, 오른쪽 그림은 오른쪽으로 갈수록 내려가요."

"그래. 그림 하나가 많은 것을 보여 준단다. 그것을 수학에서 그래프라고 해. 페북에서도 글보다 사진 하나가 더 많은 의미를 담을 수 있어."

"맞아요. 저도 긴 글은 잘 안 봐요."

"좌표에서 오른쪽으로 가면 무슨 뜻이야?"

"x가 커지는 거예요."

"좌표에서 위로 가면 무슨 뜻이지?"

"y가 커지는 거죠."

"그렇다면 x가 커질수록 y가 커지는 것은 어느 그림이야?"

"왼쪽 그림이요."

"그럼 2^2과 2^3 중 어느 것이 큰 수인지 그래프로 알아보자."

$y=2^x$라는 그래프가 있다고 해보자. $y=a^x$에서 a는 2가 된다. a가 1보다 큰 것으로 왼쪽 그래프다. 그리고 2^2과 2^3에서 x가 2에서 3으로 커졌다. 그러면 y 또한 커진다. 즉 $2^2 < 2^3$이 된다는 것을 함께 풀었다.

먼 훗날, 이 아이가 이 수업을 기억하지 못하더라도 난 이 수업을 기억할 것 같다. 배우는 것의 즐거움, 하나의 물체와 사실을 놓고 서로 같은 생각을 할 수 있다는 일체감, 관점에 따라 다른 것을 볼 수도 있다는 다양성을 느끼게 해주었기 때문이다. 그렇게 자기가 보고 듣고 느낀 것을 확신하고 다양한 생각과 사고방식이 있음을 인정한다면, 우리 모두 자유로운 생각의 날개를 달고 세상이라는 창공을 날 수 있지 않을까 상상해 본다.

덧붙이며

수학으로
풀어 본 성경

하나님이 이 세상을 창조하셨어.[21] 하나님이 세상의 주인이고, 세상보다 하나님이 위대하고 크시지.

하나님 > 세상 …①

하나님은 사람을 창조하셨어. 남자와 여자를 창조하셨어. 아담은 흙으로 만드셨고, 이브는 아담의 갈비뼈로 만드셨어.[22] 그러니 하나님이 사람(나)보다 크시겠지?

하나님 > 사람(나) …②

하나님은 사람에게 명령하셨어. 땅을 정복하고, 생육하고 번성하라고.[23] 세상에 있는 것들은 사람에게 복종해야 하는 거야. 그래서 사람은 세상보다 커.

사람(나) > 세상 …③

---

21 태초에 하나님이 천지를 창조하시니라(창세기 1:1).

22 하나님이 자기 형상 곧 하나님의 형상대로 사람을 창조하시되 남자와 여자를 창조하시고(창세기 1:27).

23 하나님이 그들에게 복을 주시며 하나님이 그들에게 이르시되 생육하고 번성하여 땅에 충만하라, 땅을 정복하라, 바다의 물고기와 하늘의 새와 땅에 움직이는 모든 생물을 다스리라 하시니라(창세기 1:28).

①, ②, ③을 다음과 같이 정리할 수 있어.

하나님 > 사람(나) > 세상 ···④

그런데 사람이 하나님과 같이 되고 싶어서 선악과를 먹었어.[24]

사람(나) = 하나님 ···⑤

⑤번 식은 ④에 의해 성립되지 않아. 그래서 이것을 '죄'라고 해.
하나님은 말씀하시기를 죄는 곧 사망이라고 하셨어.[25]

죄를 지은 사람은 자신의 생명을 바쳐야 하지만, 하나님은 사람
을 사랑하심으로 동물을 대신 바치라는 규칙을 만드셨어.

사람(나) > 동물 ···⑥

그리고 하나님은 하나님과 동등하신 독생자 예수 그리스도를 이
땅에 보내셨어.[26]

하나님 = 예수님 ···⑦

④와 ⑦에 의해

예수님 > 사람(나) > 세상 ···⑧

---

24 너희가 그것을 먹는 날에는 너희 눈이 밝아져 하나님과 같이 되어 선악을 알 줄 하나님이 아심이니
라(창세기 3:5).
25 죄의 삯은 사망이요 하나님의 은사는 그리스도 예수 우리 주 안에 있는 영생이니라(로마서 6:23).
26 태초에 말씀이 계시니라 이 말씀이 하나님과 함께 계셨으니 이 말씀은 곧 하나님이시니라(요한복음
1:1).

예수님은 사람의 죄를 대신해 스스로 십자가 죽음의 길을 택하셨어.[27] 예수님은 그 좁은 길을 기꺼이 걸으셨지.

사람(나) > 예수님 …⑨

너를 창조하신 예수님이 (예수님>사람)

너를 위해 십자가에 자신을 내어주셔서 (사람>예수님)

너를 다시 존귀케 하셨어. 이 '기적'을 몸소 보이셨어.[28]

그러니 너는 귀하고 귀한 존재야.

---

27 하나님이 세상을 이처럼 사랑하사 독생자를 주셨으니 이는 그를 믿는 자마다 멸망하지 않고 영생을 얻게 하려 하심이라(요한복음 3:16).

28 우리가 아직 죄인 되었을 때에 그리스도께서 우리를 위하여 죽으심으로 하나님께서 우리에 대한 자기의 사랑을 확증하셨느니라(로마서 5:8).

수학을
잘한다는 의미

수학을 왜 공부해야 하나요?

중고등학생들에게 물었습니다. 수학을 공부하는 이유가 뭐냐고.
대부분 아래 세 가지로 답하였습니다.

1) 대학 가려고
2) 재미있어서
3) 남들이 다 하니까

대한민국에서 수학을 잘한다는 것은 문제를 더 빨리, 더 많이,
더 정확하게 푸는 것입니다. 그런데 정말 그럴까요?

***

근본적인 질문 1) 사람 vs 컴퓨터

사람과 컴퓨터가 수학 문제를 풀면 누가 더 빨리 풀까요? 〈무한도
전〉이라는 TV프로그램에서 유재석 씨를 포함한 일곱 명과 포크레인
이 땅을 파는 시합을 한 적이 있었습니다. 누가 이겼을까요? 포크레
인이 이겼지요. 이렇듯 사람과 컴퓨터가 계산의 빠르기를 대결하면
당연히 컴퓨터가 이깁니다. 그런데 왜 우리가 직접 수학 계산을 해야

하는 걸까요?

근본적인 질문 2) 답이 없는 문제

세상에는 답이 없는 문제 혹은 답이 나오기 어려운 문제가 더 많습니다. 지구온난화 문제라든지, 여자친구와 헤어졌다든지, 부모님과의 갈등 같은 문제는 도저히 답이 금방 나오지 않습니다. 수학 문제를 잘 푸는 친구들이라고 해서 이런 문제를 더 잘 푸는 것은 아닐 겁니다.

·***

생각 전환 1) 미국과 소련의 군비 경쟁

1960년대 미국과 소련은 우주 탐험과 정복을 위해 치열한 경쟁을 벌이고 있었습니다. 미국 항공우주국NASA은 우주의 무중력 상태에서도 작동이 가능한 볼펜을 고안할 필요를 느꼈습니다. NASA는 새로운 볼펜을 개발하기 위해 자금을 아끼지 않았습니다. 결국 2천4백만 달러라는 거금을 들여 우주선에서 사용할 수 있는 첨단 볼펜을 만드는 데 성공했습니다. 물론 소련 우주비행사에게도 일반 볼펜이 무중력 상태에서는 작동하지 않는다는 똑같은 문제가 있었습니다. 그런데 소련은 볼펜 대신 연필을 선택하였습니다.[29]

생각 전환 2) 백화점 엘리베이터 문제

어느 백화점에 엘리베이터가 오르내리는 속도가 너무 느렸습니

---

29 《나는 대한민국의 교사다》(조벽 저, 해냄)에서.

다. 그래서 고객들이 불만을 터뜨렸습니다. 백화점 사장은 수천만 원을 투자해 엘리베이터 성능을 개선하려 했지만 그다지 빨라지지 않았습니다. 그런데 이 사실을 알게 된 청소부가 자신이 단돈 5만 원이면 해결할 수 있다고 했습니다. 그리고 실제로 다음 날부터 고객들의 불만이 사라졌습니다. 해결책이 궁금했던 사장은 직접 엘리베이터를 타보았습니다. 엘리베이터에는 커다란 거울이 걸려 있었습니다. 사람들은 거울을 보느라 엘리베이터 속도가 느리다는 것을 알아채지 못했기 때문이었습니다.

***

수학의 응용 1) 우울증 상담

우울증 때문에 어떤 사람이 상담을 청했습니다. 이 사람의 치료법은 '매일 2시간 산책'입니다. 그런데 그가 하루에 2시간을 낼 수 있는 상황이 도저히 안 된다고 하였습니다. 어떻게 그를 설득할 수 있을까요?

하루에 2시간을 산책함으로써 생기는 효과를 계산해 보고, 우울증이 지속됨으로 생기는 손실을 계산해서, 어느 것이 더 큰지 비교해 보는 것입니다. 우울증이 치료되면 약 50만 원의 효과가 있다고 가정해 봅시다. 그리고 2시간 업무를 못하면 30만 원의 손해가 있다고 해봅시다.

2시간 산책을 선택할 때

이익	우울증 치료	50만원
손해	2시간 업무손실	30만원
이익-손해		+20만원

이런 방법을 통해 객관적으로 이야기하고 설득할 수 있지요.

수학의 응용 2) 청년실업을 대하는 자세

백수란 '주어진 시간은 많고 규칙적인 수입은 없는 상태'로 정의해 볼까요? 그렇다면 부족한 수입에 집중할 것인지, 풍족한 시간을 바라볼 것인지 결정해 봅시다.

	부족한 돈에 집중	풍성한 시간에 집중
삶의 방향	돈을 번다	시간을 활용한다 - 책을 읽는다 - 자기계발을 한다 - 좋은 설교를 듣는다 시간을 나누어 준다 - 바쁜 사람을 돕는다 - 봉사 활동을 한다

수학의 응용 3) 직업에 대한 가치판단

문제 1_ 매일 1만 원씩 받는 삶이 있고, 매월 100만 원씩 받는 삶이 있다면, 어떤 삶을 선택할까요?

문제 2_ 만약 매월 100만 원 받는 삶과 10년 후에 10억을 받는 삶이 있다면, 어떤 삶을 선택할까요?

1번 답_ 매일 1만 원을 1년 동안 받으면 365만 원, 매월 100만 원을 1년 동안 받으면 1,200만 원. 그렇다면 매월 100만 원 받는 삶을 택할 가능성이 높습니다.

2번 답_ 매월 100만 원을 1년 동안 받으면 1,200만원, 10년이 지나면 1억 2천만 원. 그렇다면 10년 후에 10억 받는 삶을 택할 가능성이 높습니다.

직업의 가치를 돈의 크기만으로 판단할 수는 없지요. 돈을 만약 자기 만족, 성취감이라 생각해 본다면, 어쨌든 중요한 건 나중에 디 커다란 참된 행복을 누리기 위해 현재 혹은 얼마간 어려움은 넉넉히 감당해 나갈 수 있는 우리가 되어야 한다는 점입니다.

이미 이 순간에도 살아가기 위해 충분히 많은 것들을 공급받고 있음을 잊지 말아야겠고요.

***

수학을 잘한다는 것

수학을 잘한다는 것은 주어진 문제를 잘 푸는 것을 넘어서 어떤 상황에서든지

1) 상황을 잘 이해하고 정의하며

2) 정의된 문제를 통해 합리적 해결책을 찾고

3) 그 해결책을 사람들과 함께 공유하는 것

이 아닐까 합니다. 수학은 우리 삶의 엉킨 것들, 닫힌 것들, 막힌 것들을 해결해 주는 열쇠입니다.

***

수학을 한다는 것

수학은 시험 과목이자 수능 준비를 위한 것일 수도 있으나, 나 자신을 발견하고, 이해하고, 해석하는 힐링의 도구도 되어 줍니다. 보이지 않는 마음을 눈에 보이도록 해주는 안경입니다. 수학은 객관적이고, 명확하고, 단순하면서도 규칙적입니다. 이러한 수학의 특징을 하나씩 삶에 응용해 나가면 그 끝에 얻는 것은 '자유'입니다.

학생들은 매일 수학 문제를 접합니다. 결과는 두 가지입니다. 맞거나 틀리거나. 맞으면 맞는 거고 틀리면 틀리는 겁니다. 틀리면 제대로 알고 다시 풀면 됩니다. 틀릴까 봐 피해다니면, 결국 어떤 것도 시도하지 못하게 되지요. 인생 문제도 마찬가지가 아닐까요?

수학으로 힐링하기

Healing with Math

지은이 이수영
펴낸곳 주식회사 홍성사
펴낸이 정애주
국효숙 김은숙 김의연 김준표 박혜란 손상범
송민규 오민택 임영주 차길환 허은

2016. 3. 7. 초판 발행   2022. 6. 17. 17쇄 발행

등록번호 제1-499호 1977. 8. 1.
주소 (04084) 서울시 마포구 양화진4길 3   전화 02) 333-5161   팩스 02) 333-5165
홈페이지 hongsungsa.com   이메일 hsbooks@hongsungsa.com   페이스북 facebook.com/hongsungsa
양화진책방 02) 333-5161

• 잘못된 책은 바꿔 드립니다. • 책값은 뒤표지에 있습니다.

ISBN 978-89-365-1140-1 (03410)